W0218263

NERVENSYSTEM

HIRNNERVEN

SPINALNERVEN

VEGETATIVUM

SENSIBLE

SKELETT

MUSKELN

Die wichtigsten Arterien

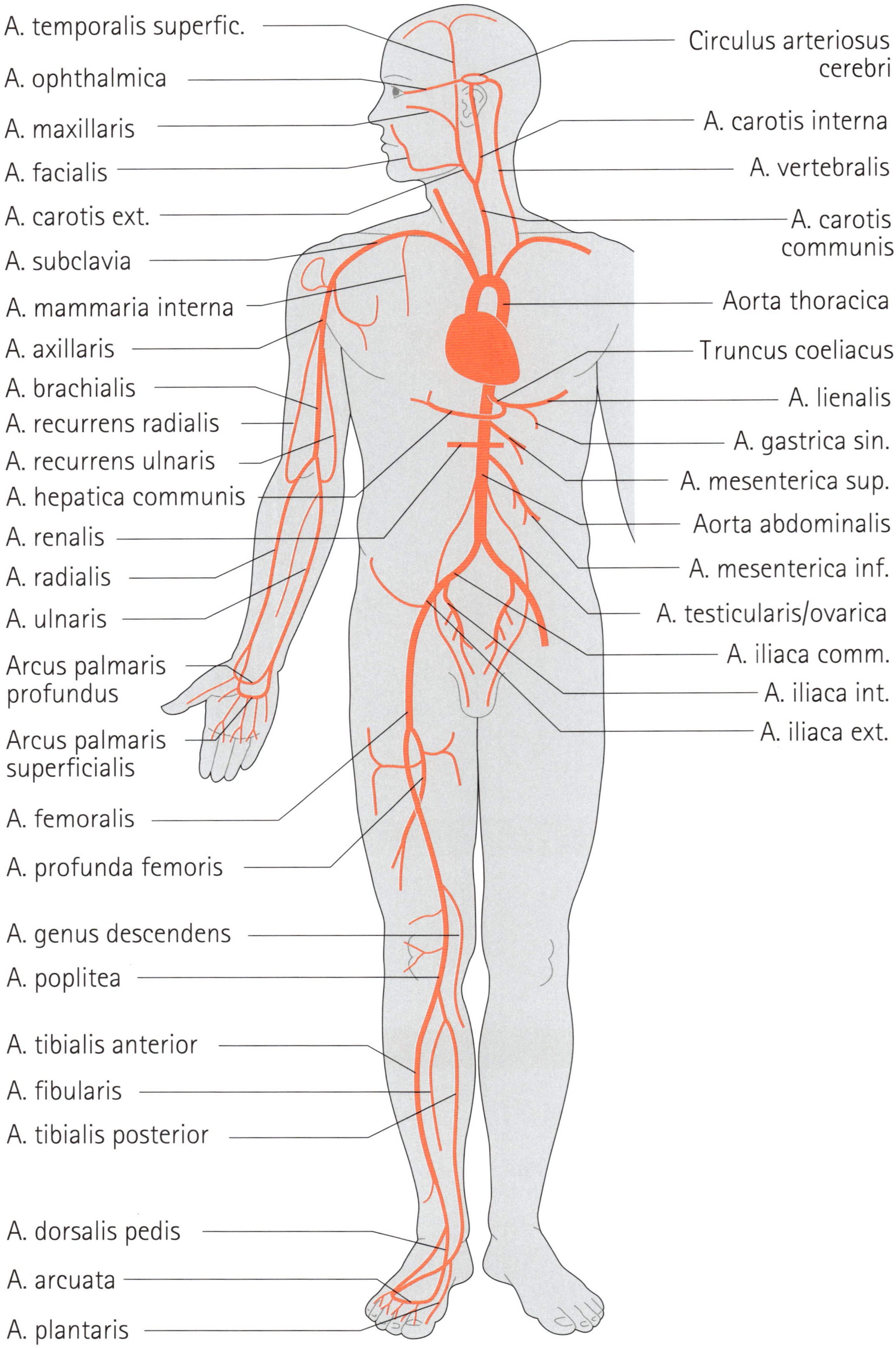

Die einzelnen Tafeln im Überblick

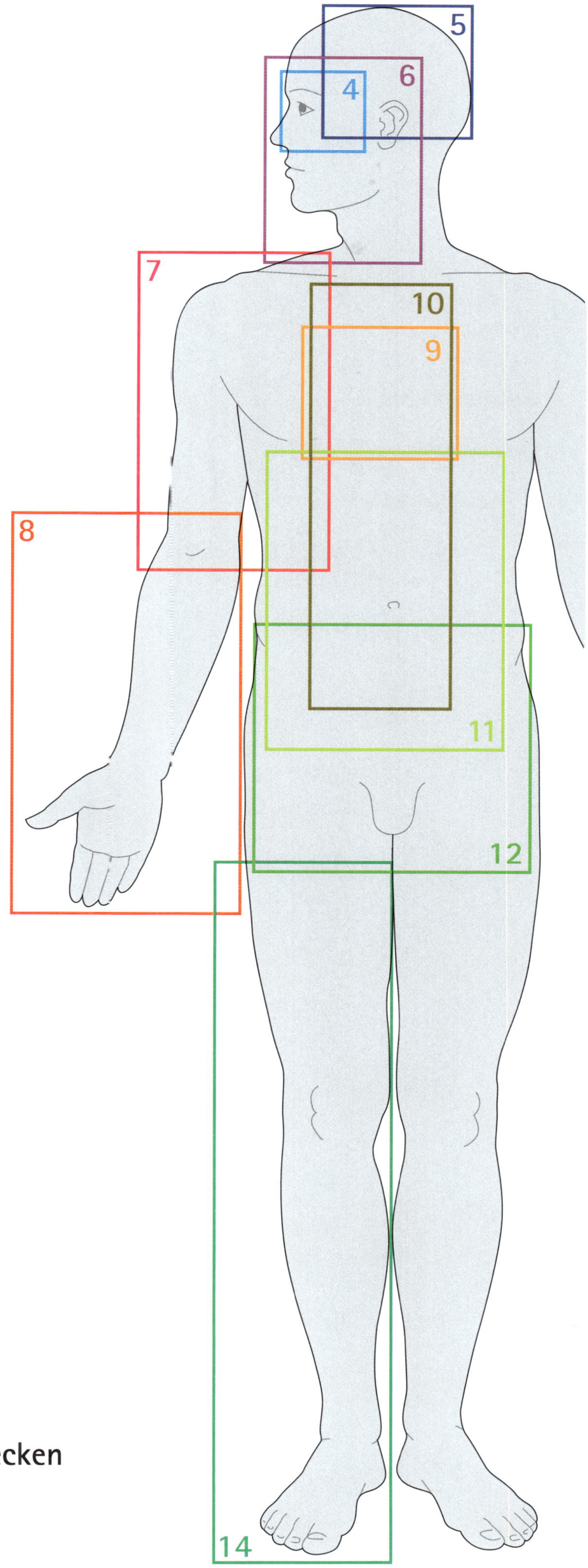

4 Auge

5 Gehirn

6 Kopf und Hals

7 Schulter und Oberarm

8 Unterarm und Hand

9 Herz und Diaphragma

10 Abgänge der Aorta

11 Organe im Abdomen

12 Männliches und weibliches Becken

14 Untere Extremität

Auge

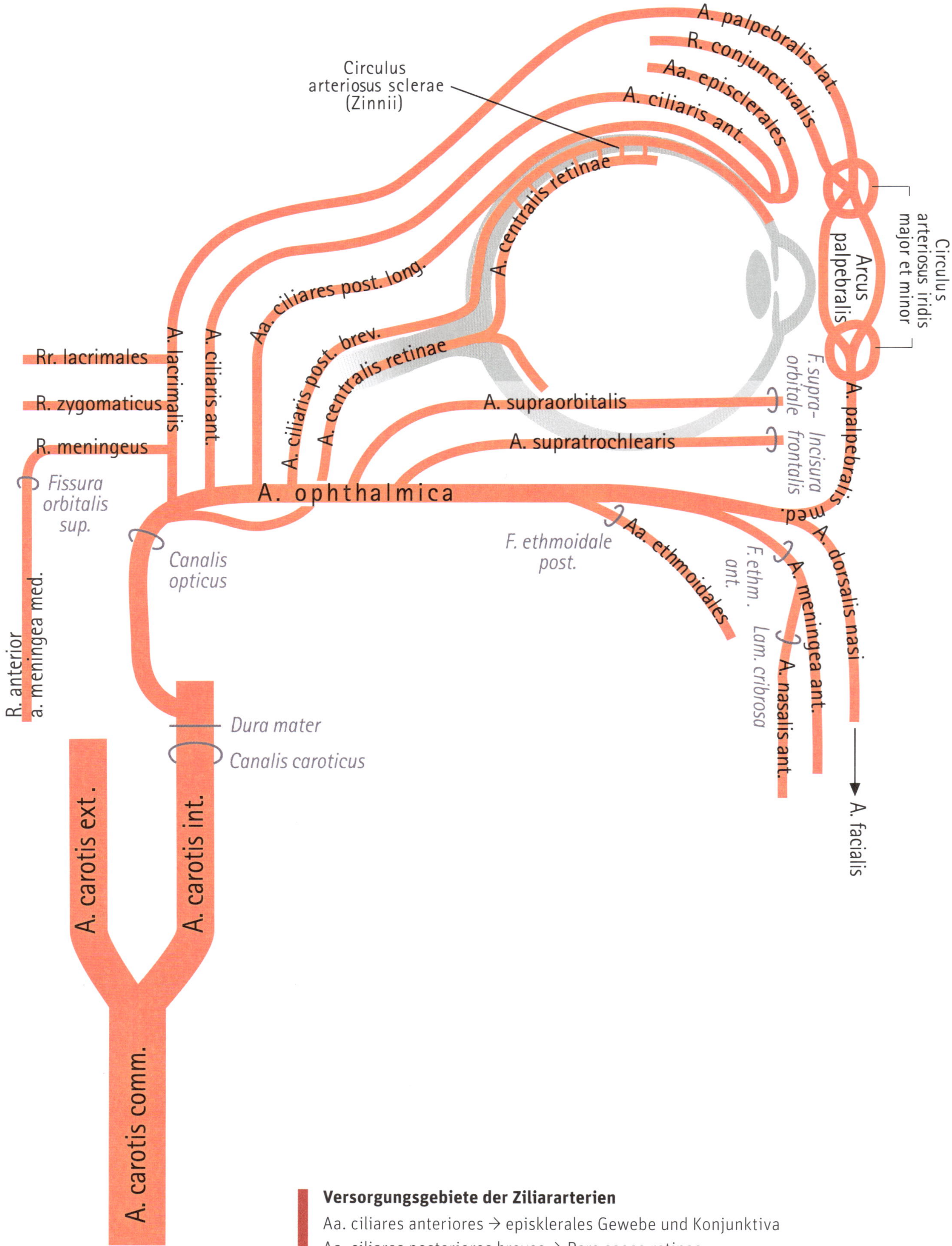

Versorgungsgebiete der Ziliararterien

Aa. ciliares anteriores → episklerales Gewebe und Konjunktiva
Aa. ciliares posteriores breves → Pars caeca retinae
Aa. ciliares posteriores longae → Corpus ciliare und Iris

Gehirn

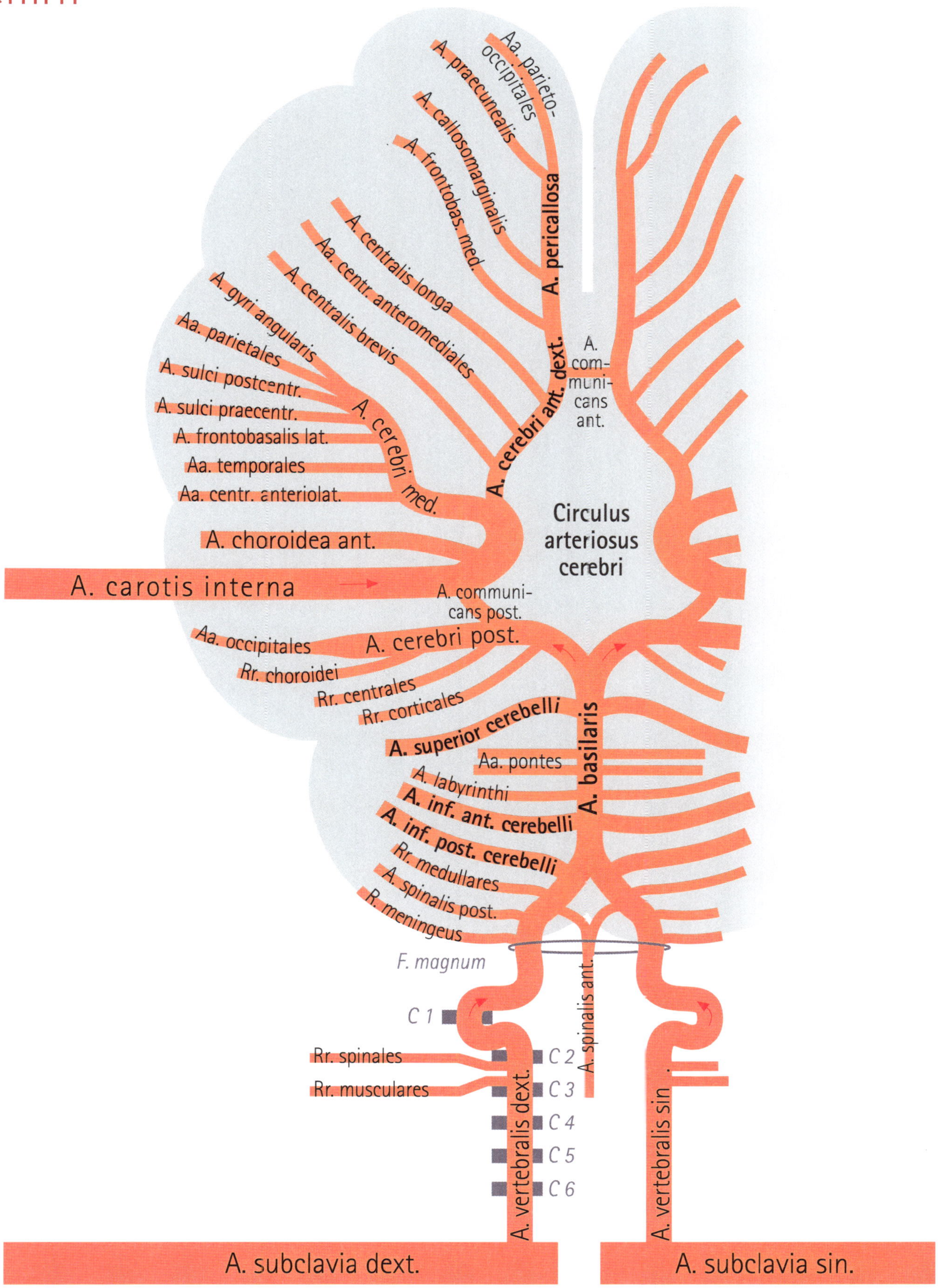

Arterielle Versorgung wichtiger Hirnstrukturen

A. cerebri media → Teile von Frontal- und Temporallappen
A. cerebri anterior → Frontallappen
A. ophthalmica → Strukturen der Orbita, äußere Augenmuskeln
A. hypophysialis superior → Hypophyse
A. choroidea anterior → Limbisches System, Globus pallidus Capsula interna
A. communicans posterior, (A. cerebri posterior) → Teile von Temporal- und Okzipitallappen

Kopf und Hals

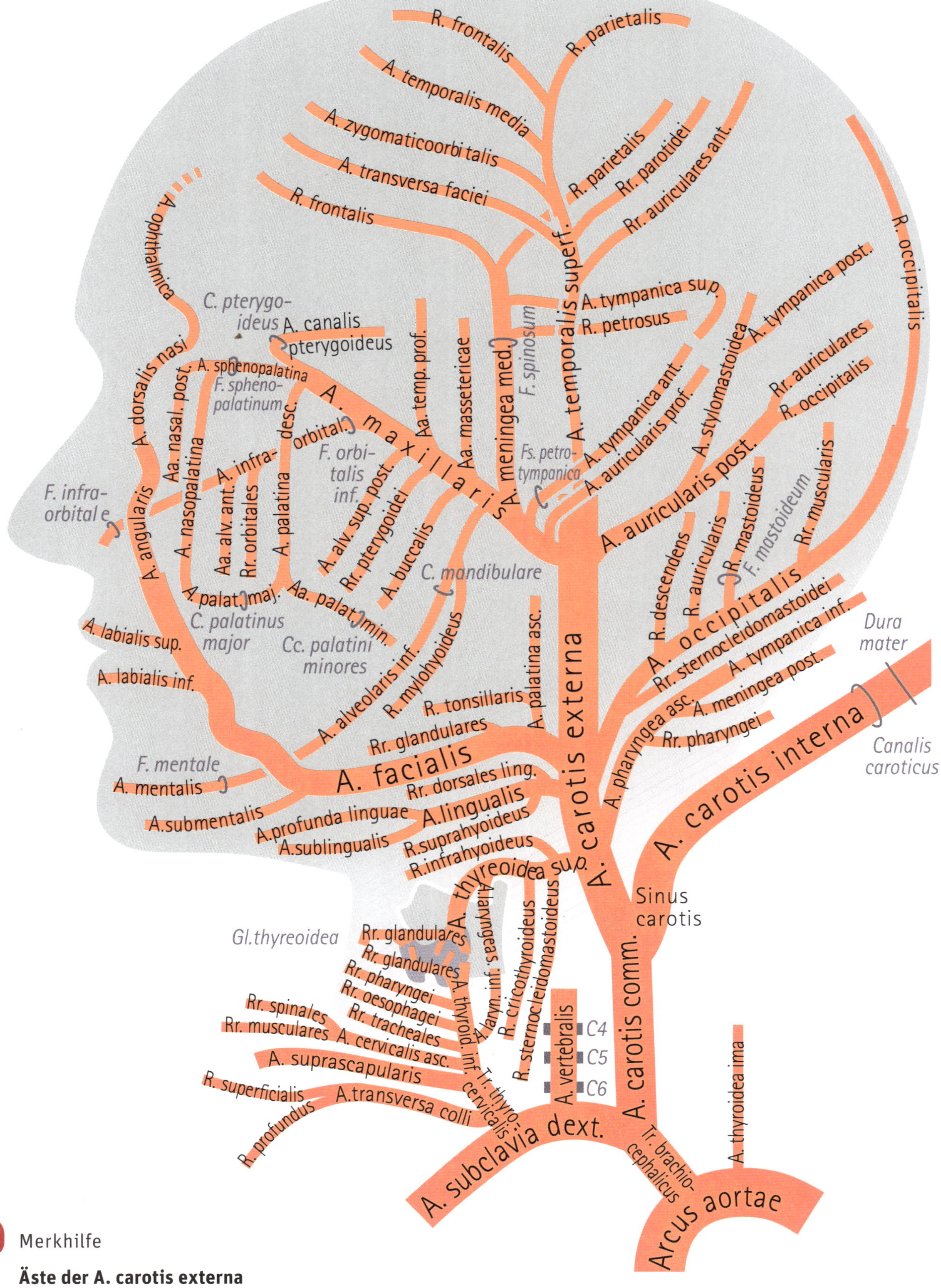

Merkhilfe

Äste der A. carotis externa

A. **th**yroidea superior, A. **ling**ualis, A. **fa**cialis, A. **pha**ryngea ascendens, R. **st**ernocleidomastoideus, A. **oc**cipitalis, A. **au**ricularis posterior, A. **t**emporalis superficialis, A. **m**axillaris

→ **Th**eo **Ling**en **fa**briziert **pha**ntastisch **st**arke **Oc**hsenschwanzsuppe **au**s **t**oten **M**äusen.

Abgänge der A. maxillaris

gesamt: A. **au**ricularis profunda, A. **ty**mpanica anterior, A. **m**eningea **me**dia, A. **al**veolaris inferior, A. **ma**sseterica posterior, A. **ma**sseterica anterior, A. **b**uccalis, Aa. **temp**orales profundae, A. **pa**latina descendens, A. **al**veolaris **super**ior posterior, A. **i**nfraorbitalis, A. **sp**henopalatina
retromandibulärer Abschnitt: A. **m**eningea media, A. **al**veolaris inferior, A. **t**ympanica anterior, A. **a**uricularis profunda

→ **Au**ch der **ty**pisch **m**üde **Me**nsch
Alf **ma**g's **ma**nchmal
besonders **temp**eramentvoll. **Pa**sta-Fan
Super-**Al**f **i**sst **Sp**aghetti.
MAL
TA → Malta

Schulter und Oberarm

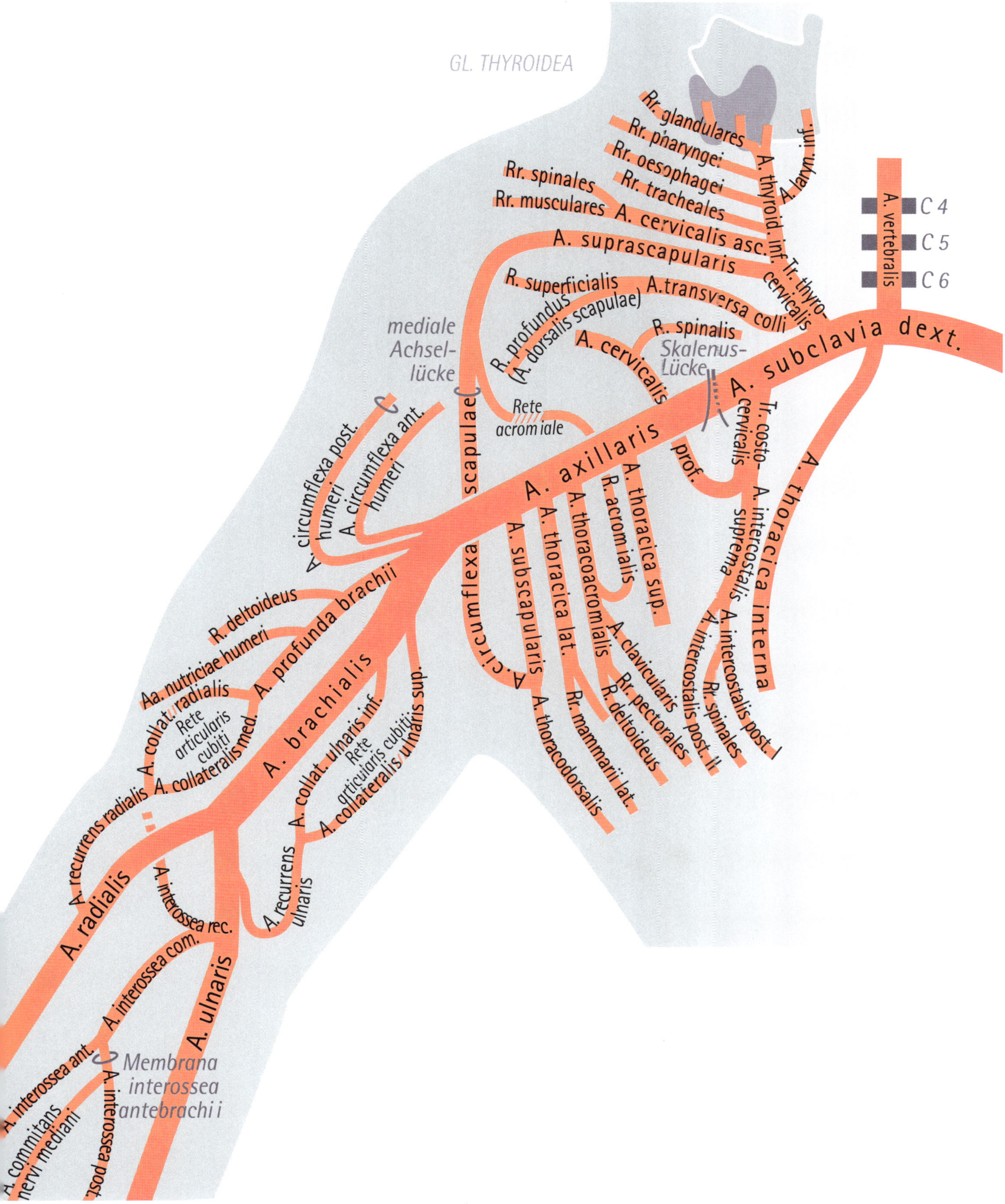

Merkhilfe

Hauptäste der A. subclavia

A. **v**ertebralis, A. **t**horacica **i**nterna, **T**runcus **t**hyro**c**ervicalis, **Tr**uncus **cost**o**c**ervicalis [Variante: A. transversa colli] → **V**oller **T**emperament **i**st **T**ina **T**urner, **c**hronisch **tr**äumerisch **Cost**a **C**ordalis.

Abgänge der A. axillaris

A. thoracica **superior**, A. thoraco**acromialis**, A. thoracica **lateralis**, A. **subscapularis**, A. **circumflexa humeri anterior**, A. circumflexa humeri **posterior**, A. profunda brachii → Ganz **ob**en am **Akromion**, **seitlich** und am **Rücken umgreift** sie den **Humerus** von **vorn** und von **hinten**.

Unterarm und Hand

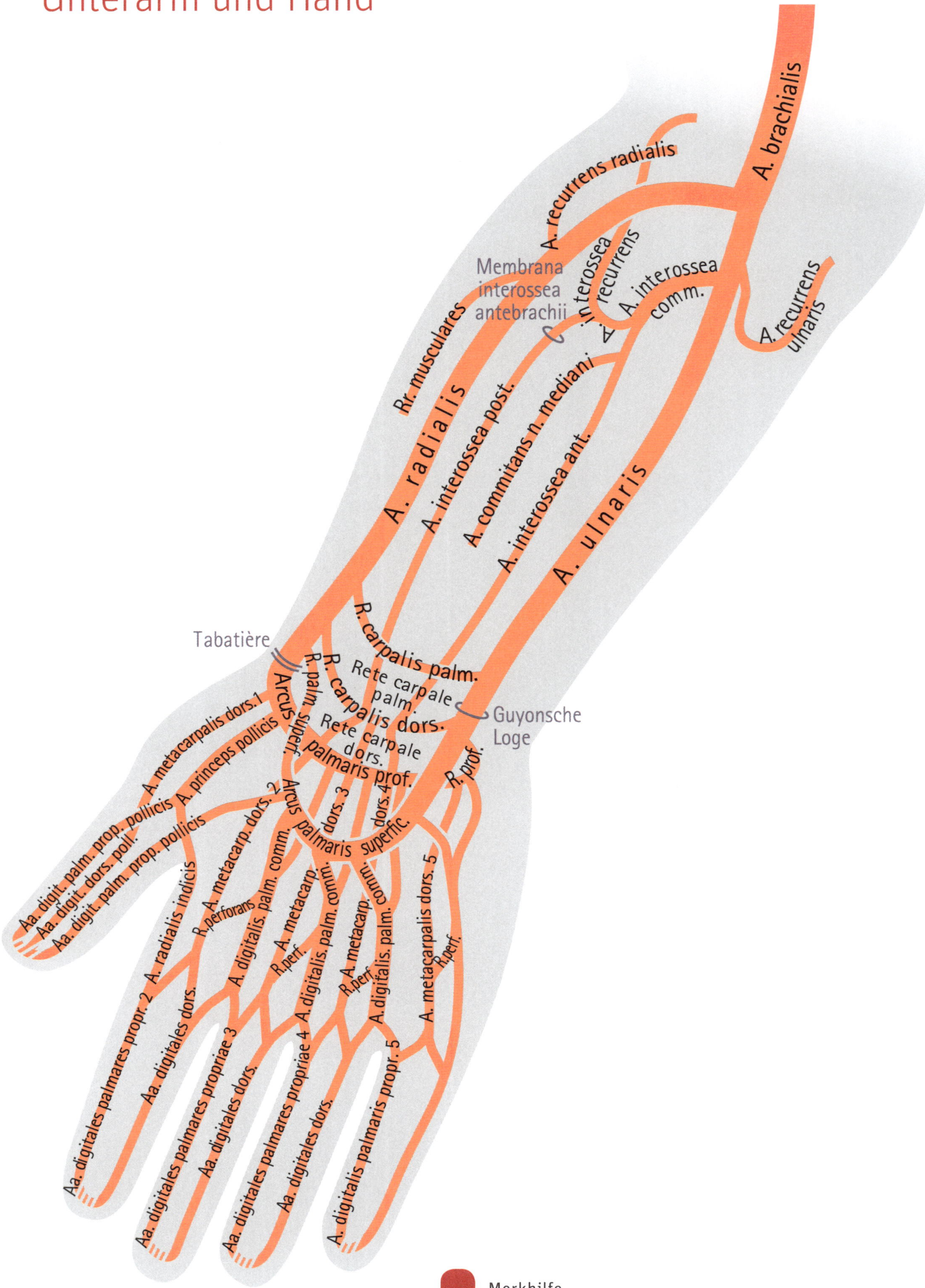

Merkhilfe

Ursprünge der Arterienbögen der Hand

Arcus palmaris s**u**perficalis aus A. **u**lnaris;
Arcus palmaris **p**rofundus aus A. **r**adialis

Der zweite Buchstabe der Bezeichnung des Bogens entspricht dem ersten Buchstaben der Ursprungsarterie.

Herz und Diaphragma

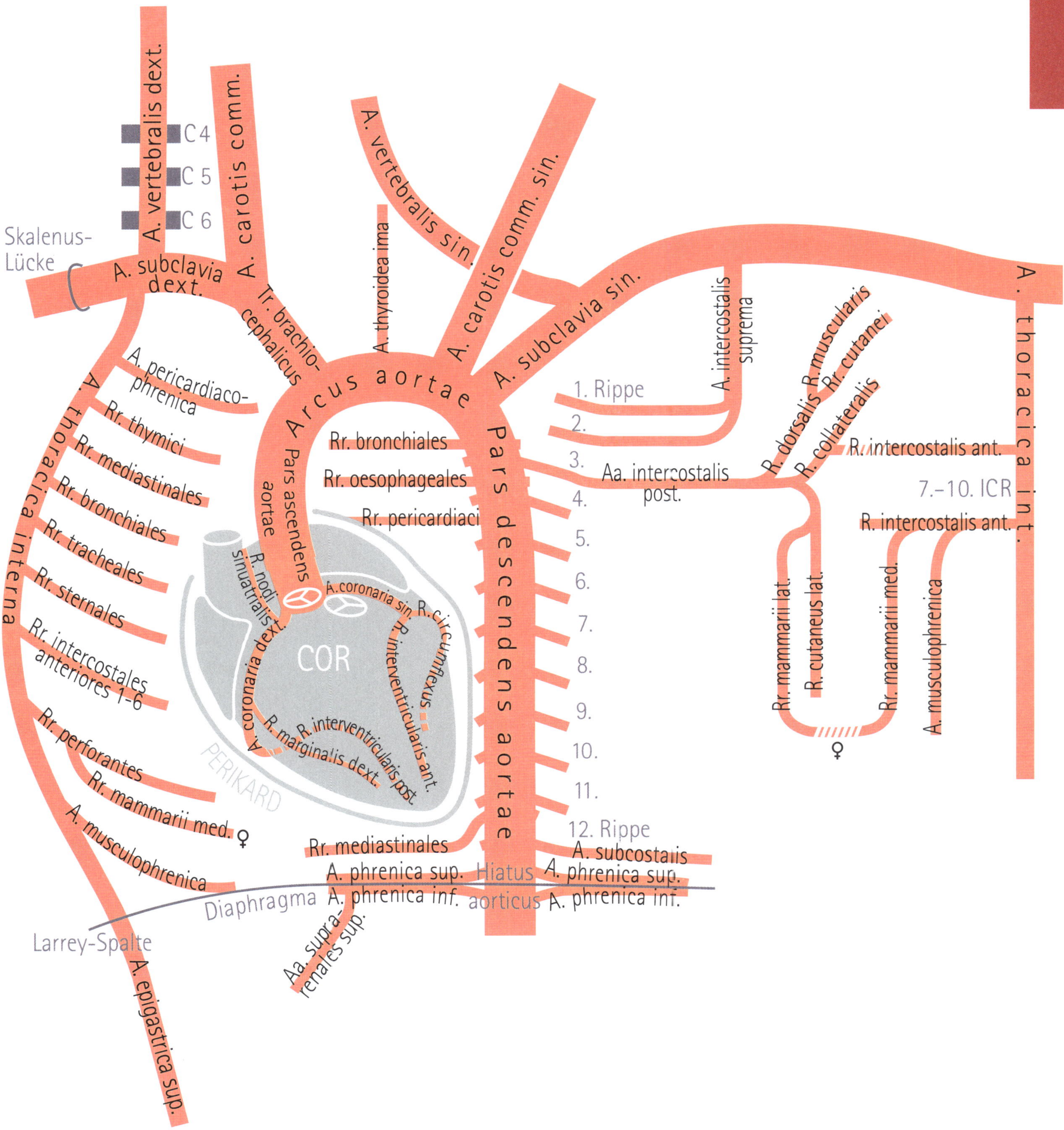

Merkhilfe

Abgänge der Aorta oberhalb des Zwerchfells

Koronargefäße, **Tr**uncus brachiocephalicus, A. **carot**is communis sinistra, A. **sub**clavia sinistra, Aa. **b**ronchiales, Aa. **in**ter**cost**ales, Aa. **phre**nicae superiores → **Kor**a **tr**inkt **Karot**ten**su**ppe, **be**sonders **in** der **köst**lichen **Fre**izeit.

Abgänge der Aorta

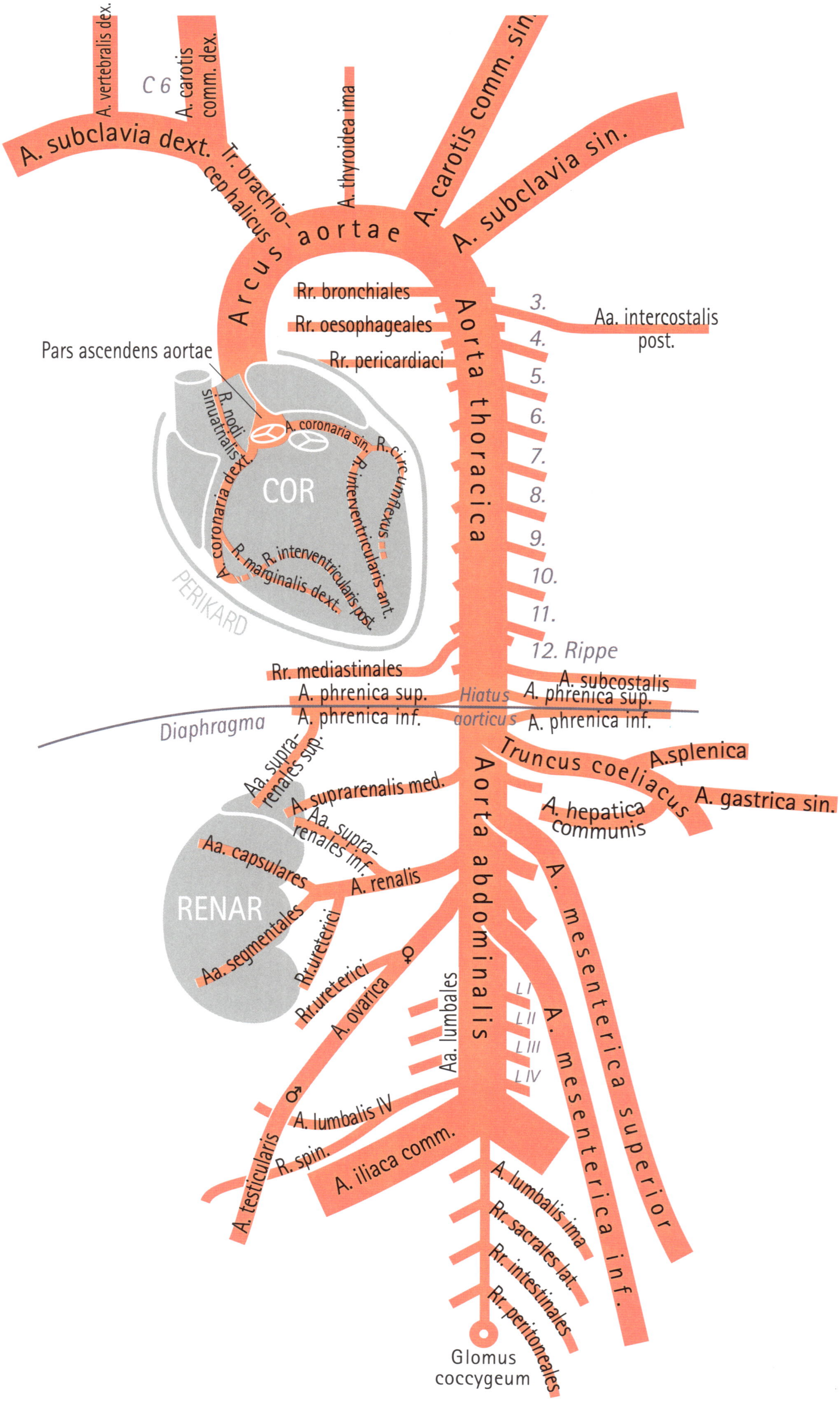

Organe im Abdomen

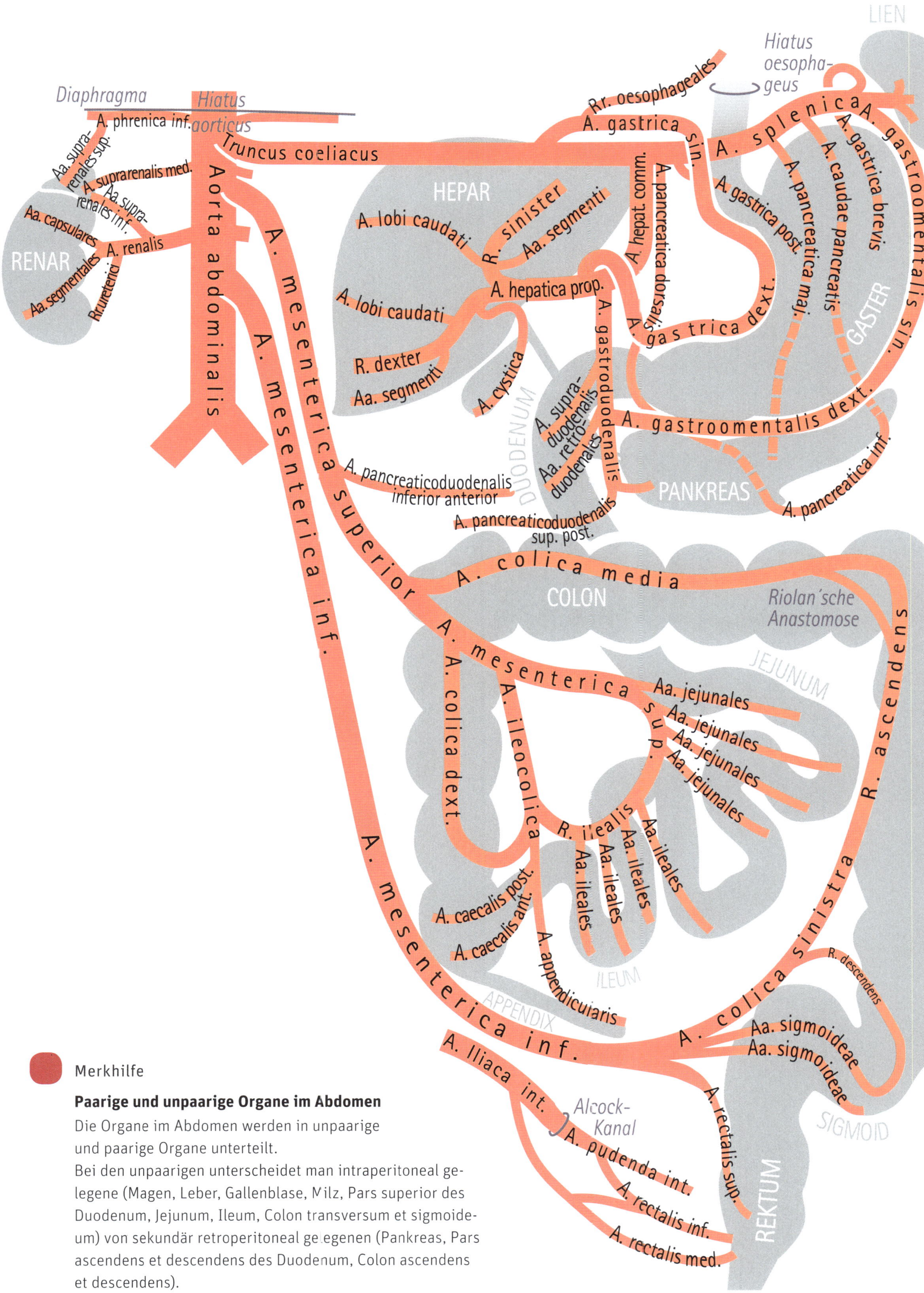

Merkhilfe

Paarige und unpaarige Organe im Abdomen

Die Organe im Abdomen werden in unpaarige und paarige Organe unterteilt.

Bei den unpaarigen unterscheidet man intraperitoneal gelegene (Magen, Leber, Gallenblase, Milz, Pars superior des Duodenum, Jejunum, Ileum, Colon transversum et sigmoideum) von sekundär retroperitoneal gelegenen (Pankreas, Pars ascendens et descendens des Duodenum, Colon ascendens et descendens).

Die paarigen Organe sind immer retroperitoneal gelegen (Nieren, Nebennieren).

Männliches Becken

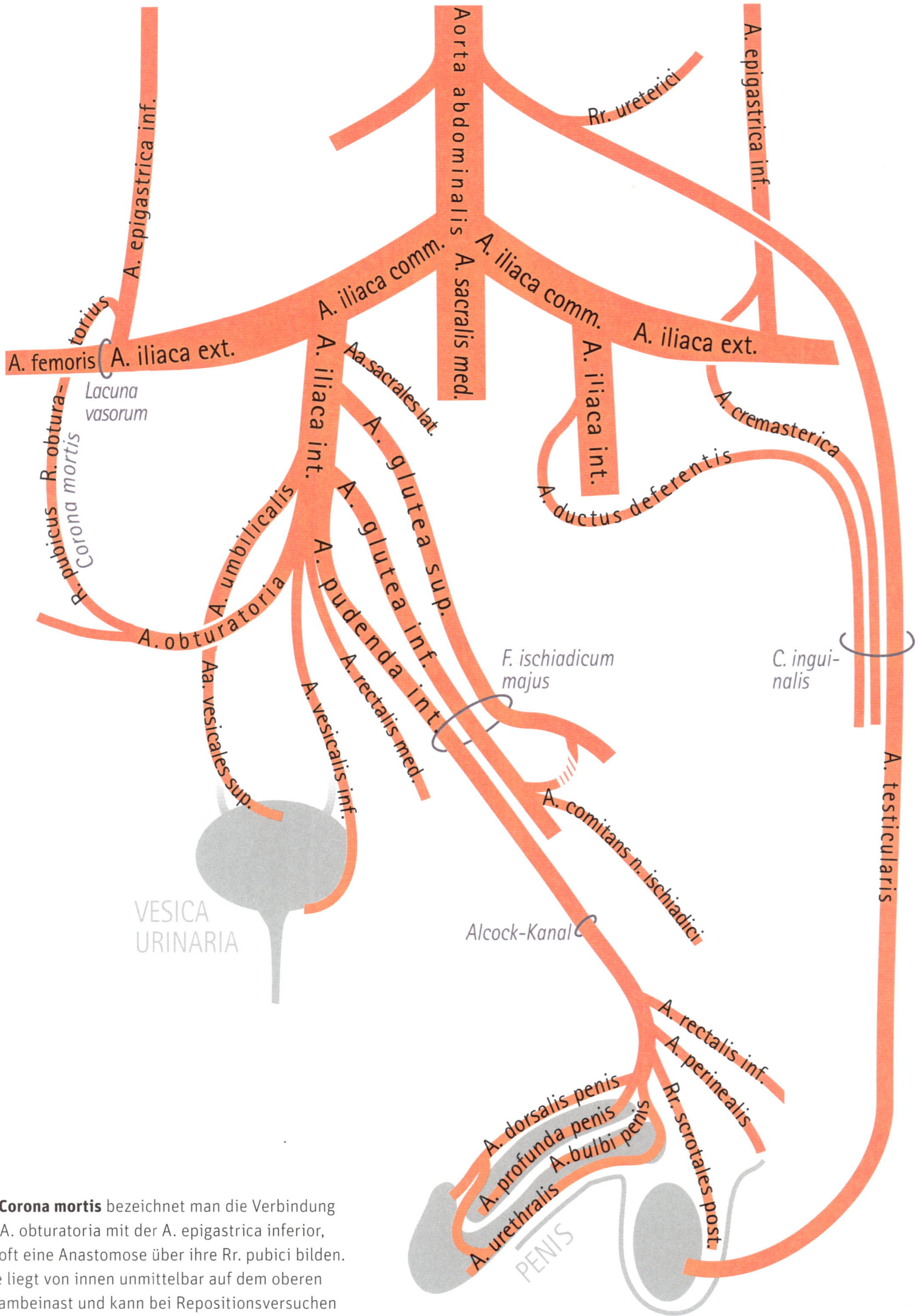

Als **Corona mortis** bezeichnet man die Verbindung der A. obturatoria mit der A. epigastrica inferior, die oft eine Anastomose über ihre Rr. pubici bilden. Jene liegt von innen unmittelbar auf dem oberen Schambeinast und kann bei Repositionsversuchen oder Operationen einer Schenkelhernie leicht verletzt werden. Für die betroffenen Patienten besteht Gefahr, an dem resultierenden Blutverlust zu sterben.

Weibliches Becken

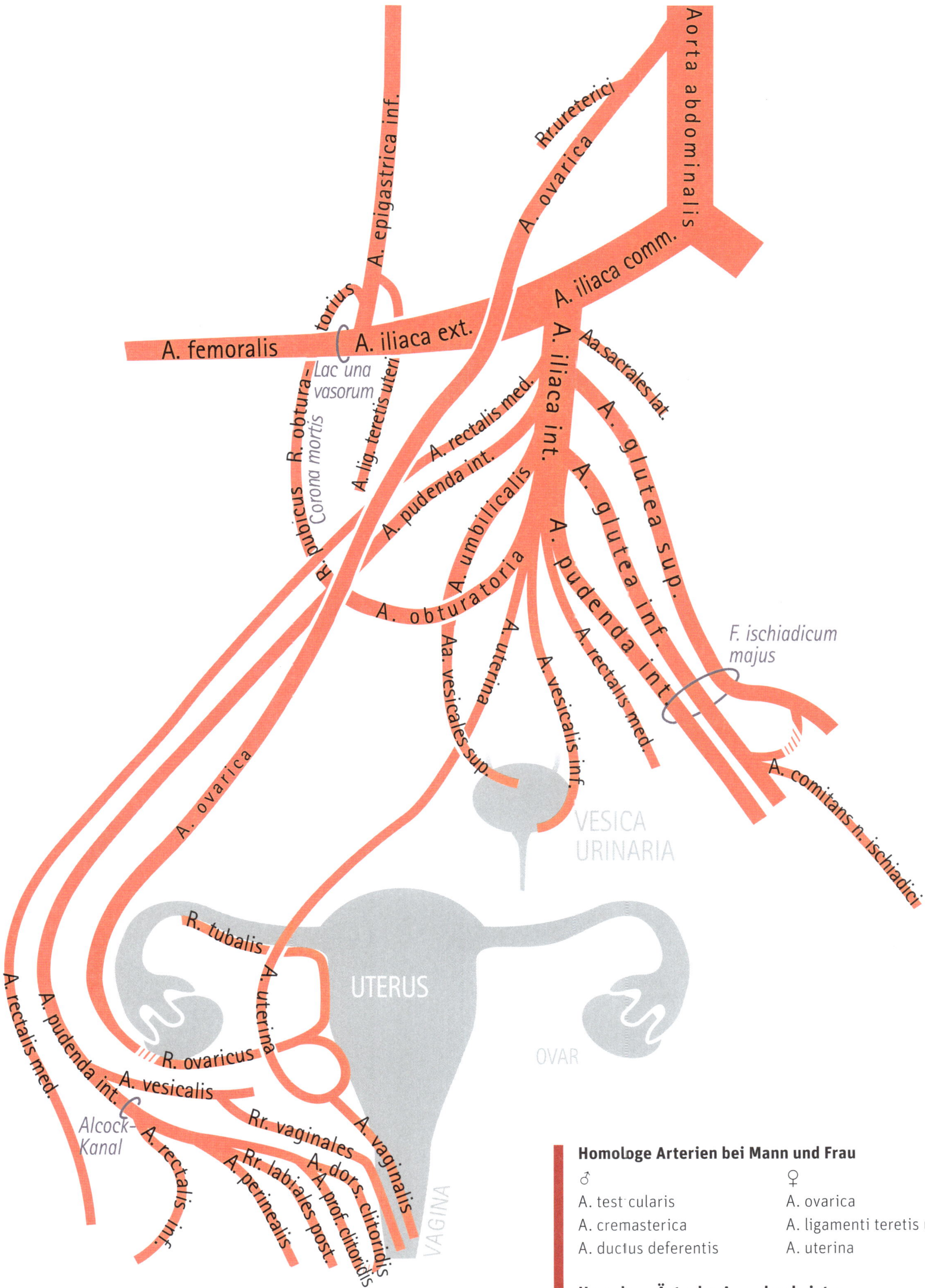

Homologe Arterien bei Mann und Frau

♂	♀
A. testicularis	A. ovarica
A. cremasterica	A. ligamenti teretis uteri
A. ductus deferentis	A. uterina

Homologe Äste der A. pudenda interna

Rr. scrotales posteriores	Rr. labiales posteriores
A. dorsalis penis	A. dorsalis clitoridis
A. profunda penis	A. profunda clitoridis

Untere Extremität

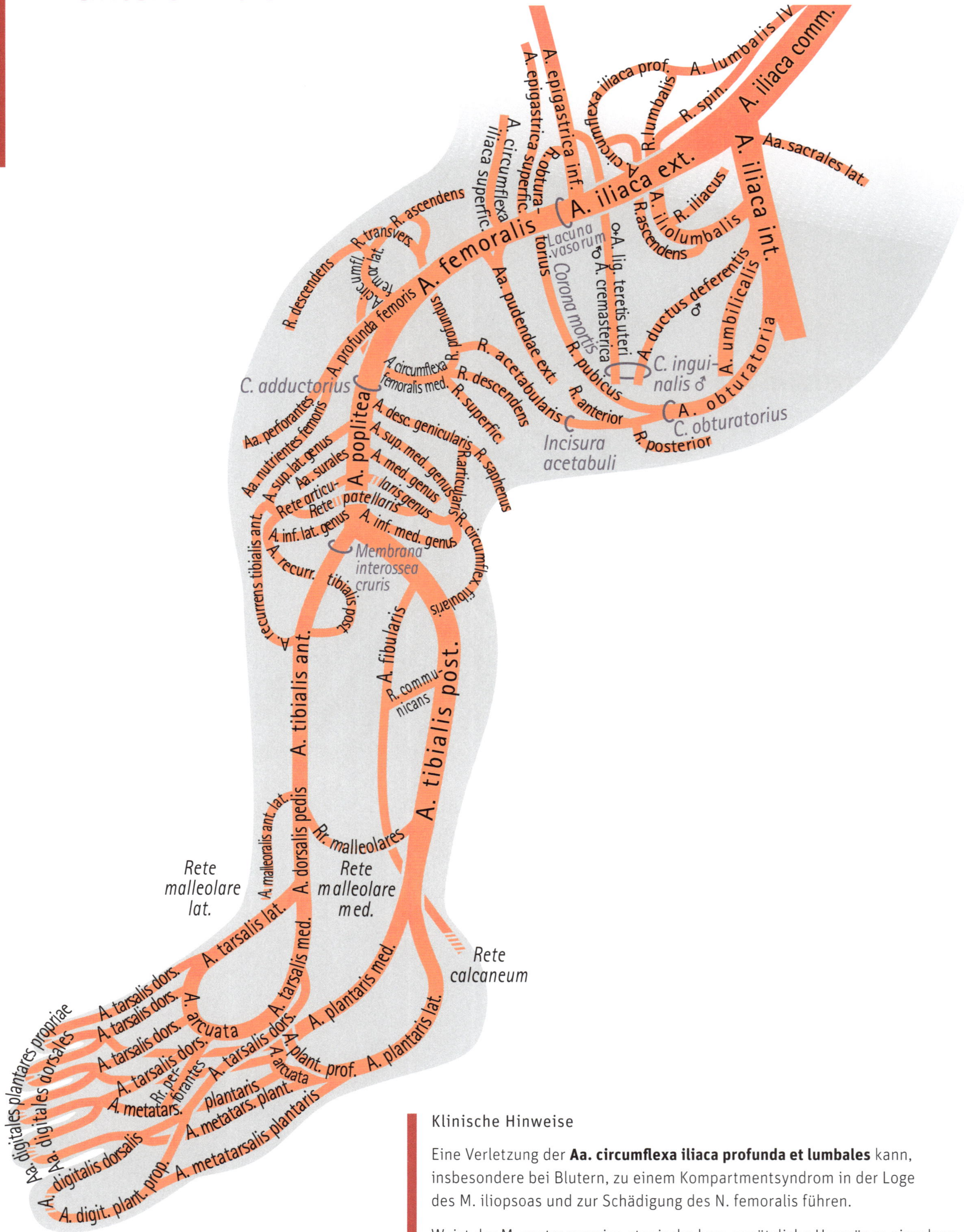

Klinische Hinweise

Eine Verletzung der **Aa. circumflexa iliaca profunda et lumbales** kann, insbesondere bei Blutern, zu einem Kompartmentsyndrom in der Loge des M. iliopsoas und zur Schädigung des N. femoralis führen.

Weist der M. gastrocnemius atypische bzw. zusätzliche Ursprünge einzelner Faserstränge an den bindegewebigen Hüllen der Vasa poplitea auf, kann daraus das so genannte A. poplitea-Kompressionssyndrom resultieren.

Eine Verletzung der A. tibialis anterior kann zu einem Kompartmentsyndrom in der Tibialis-anterior-Loge führen.

Bei einem Bänderriss oder einer Knöchelfraktur sind oft Hämatome im Bereich des Rete malleolare laterale und mediale sichtbar.

Meine Notizen zu den Arterien

Die wichtigsten Venen

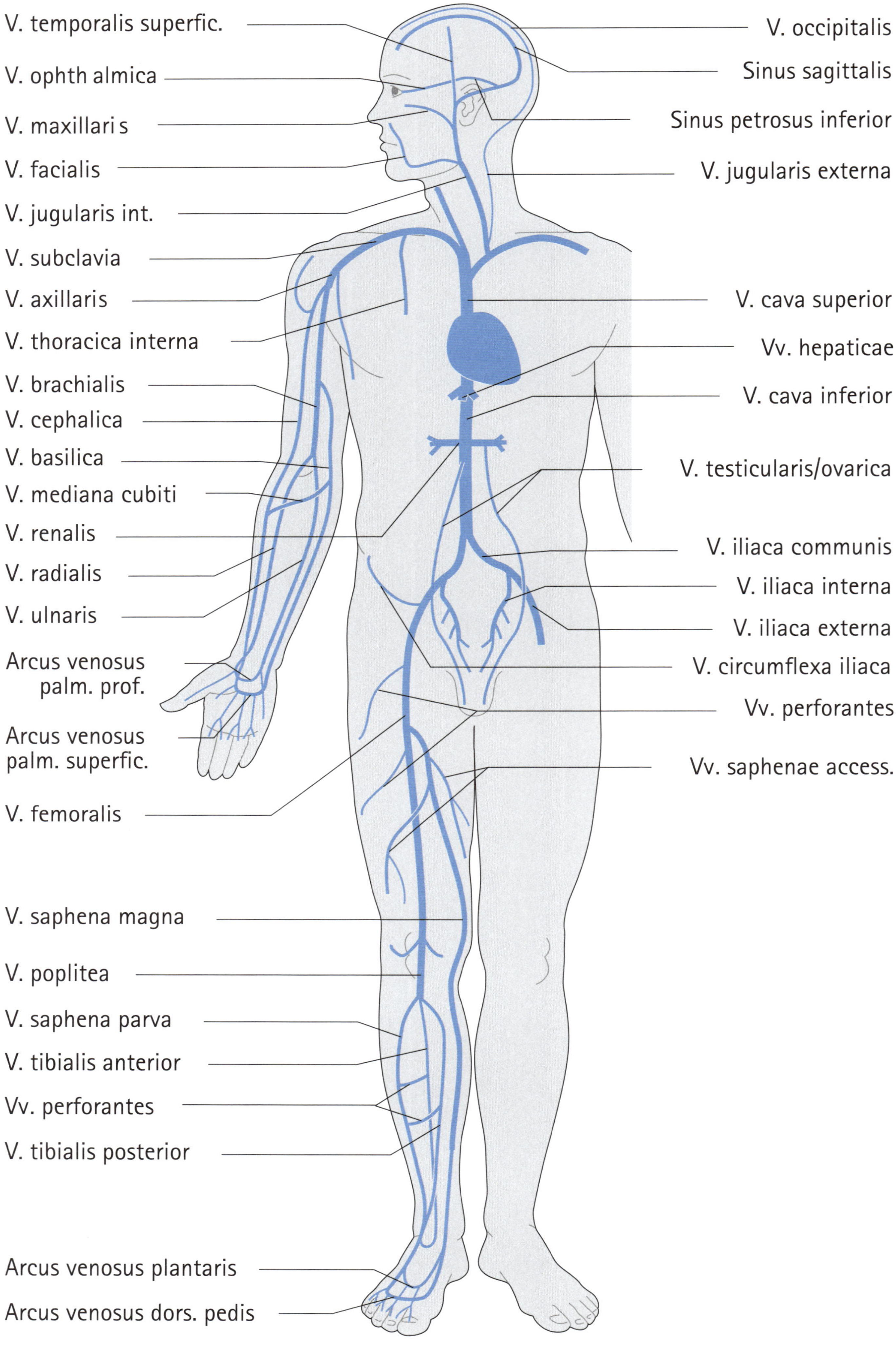

Die einzelnen Tafeln im Überblick

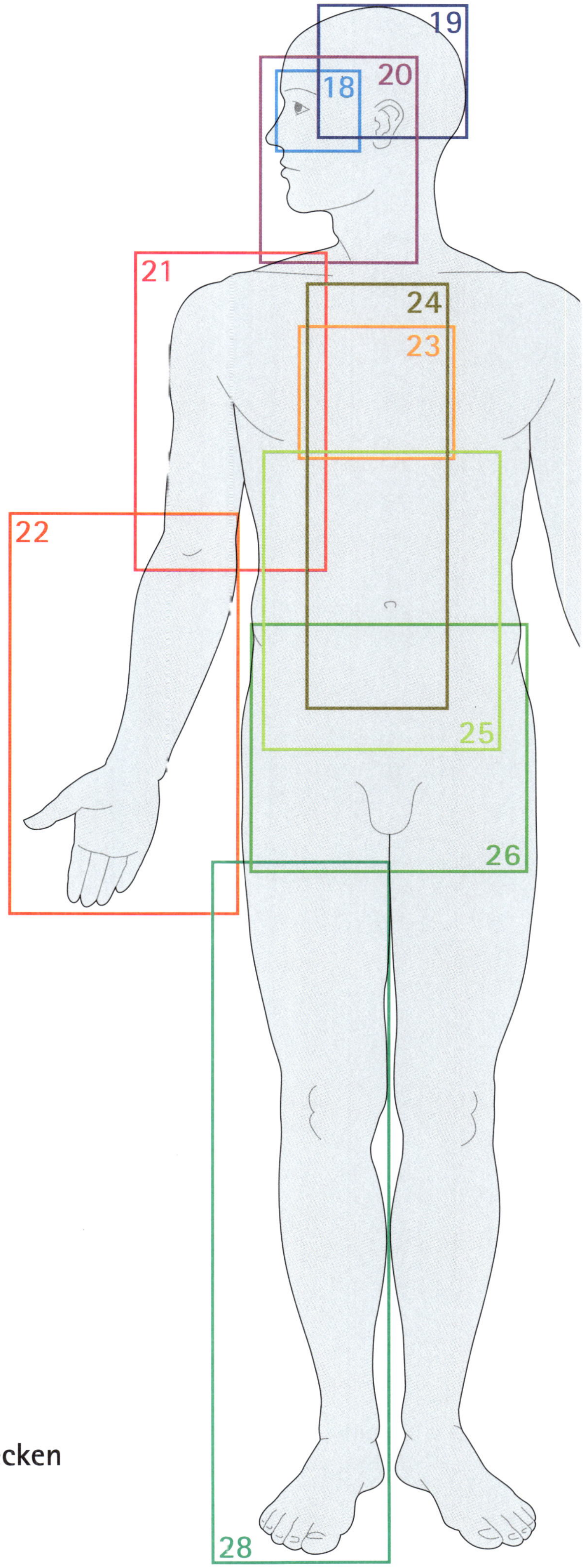

18 Auge

19 Gehirn

20 Kopf und Hals

21 Schulter und Oberarm

22 Unterarm und Hand

23 Herz und Diaphragma

24 Zuflüsse zur V. cava

25 Organe im Abdomen

26 Männliches und weibliches Becken

28 Untere Extremität

Auge

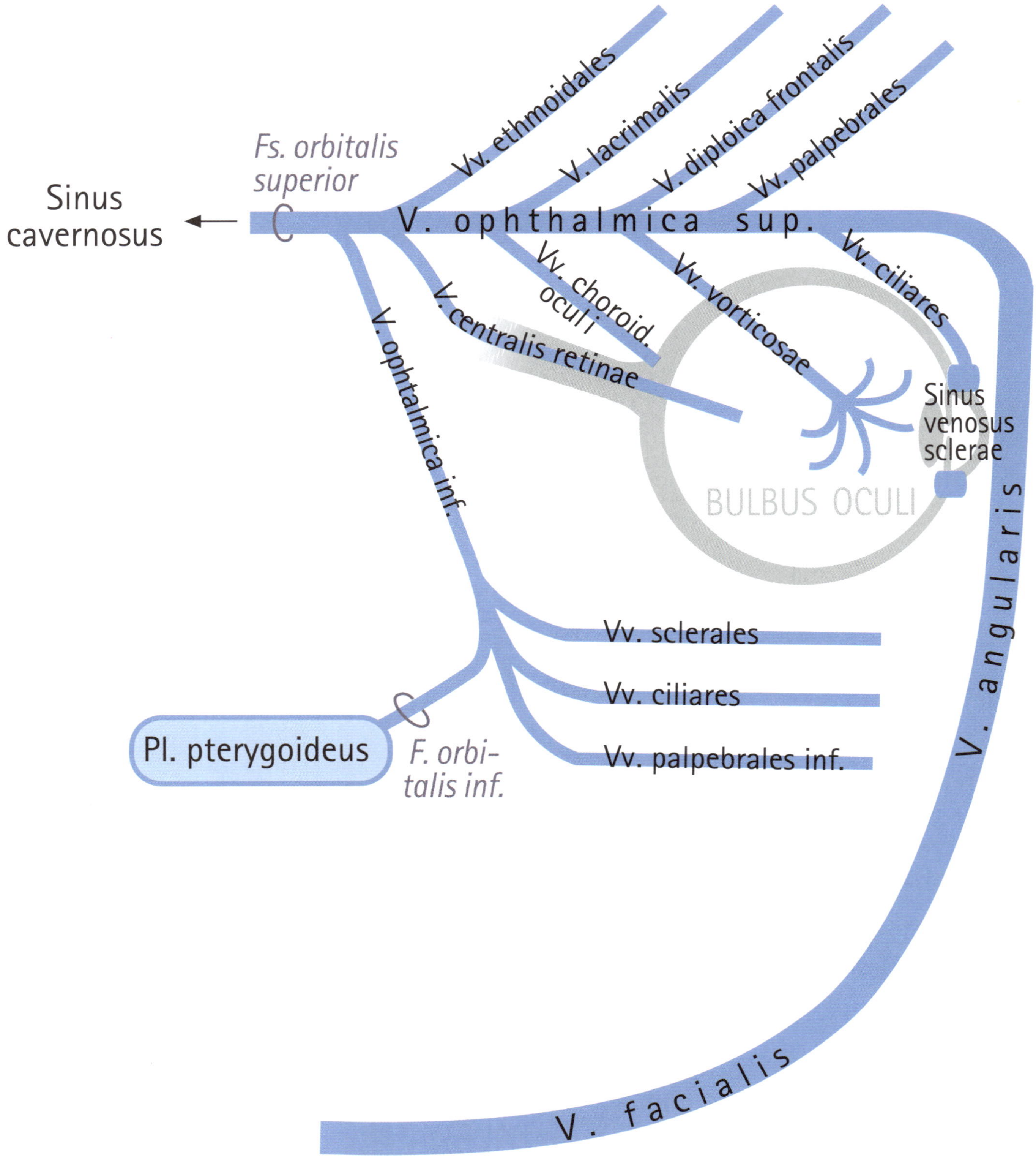

Merkhilfe

Zuflüsse zur V. ophthalmica superior

Vv. **cilia**res, Vv. palpebrales (**Augen**lider), V. **d**iploica frontalis, Vv. **vor**ticosae, V. **lac**rimalis, V. **centra**lis retinae, Vv. **et**hmoidales, V. **ophth**almica inferior

→ Si**cilia**nische **Augen**, **d**ie **vor**nehm **lac**hen, sieht man am **centra**len **Et**na **oft**.

Gehirn

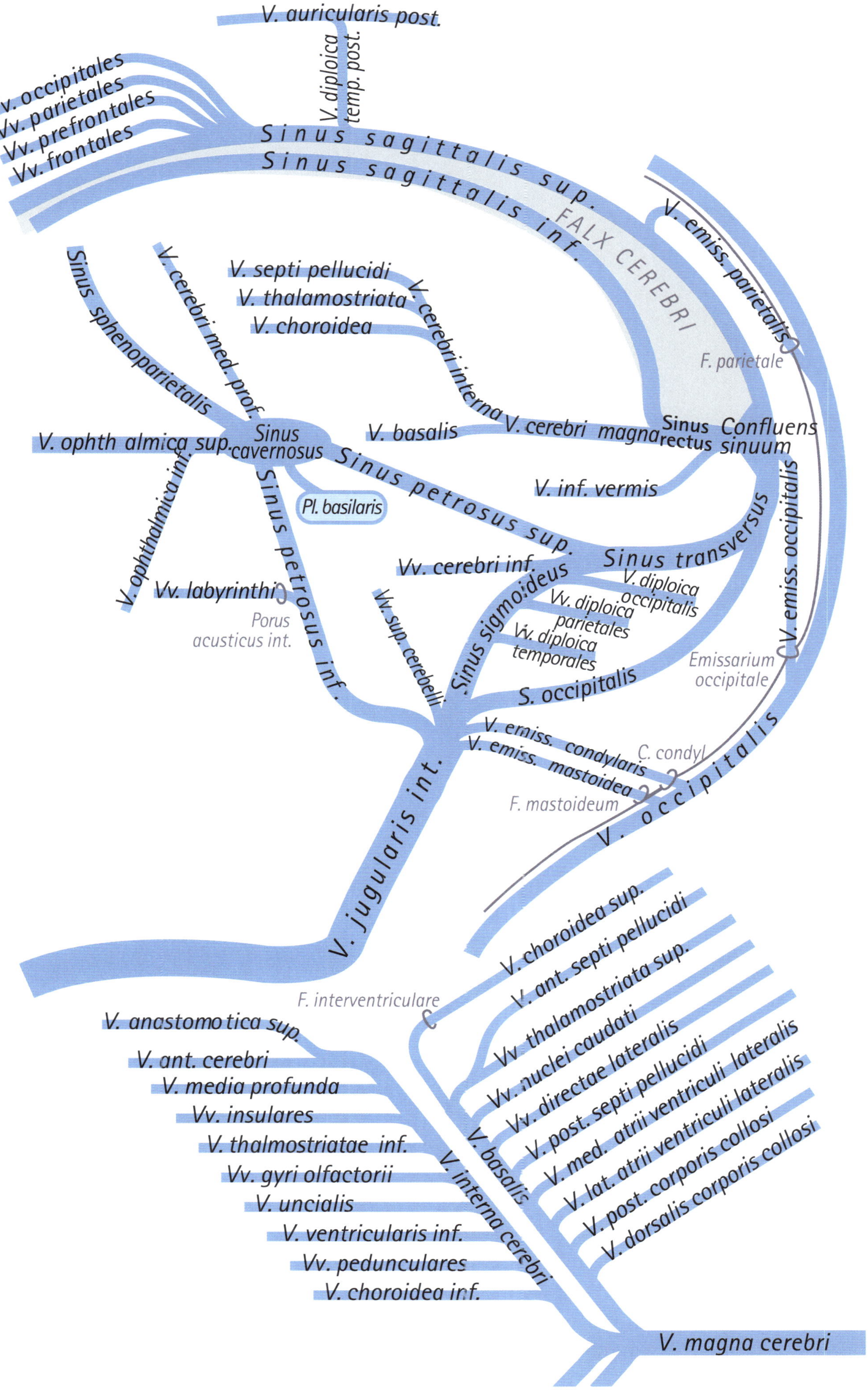

Hirnvenen und ihre Abflußgebiete

Frontal- und Parietallappen, Teile des Occipitallappens → Vv. superiores cerebri
Temporallappen, basale Teile des Occipitallappens → Vv. inferiores cerebri → Vv. superficiales cerebri
Blut aus Zwischen- und Mittelhirn, Balken, Insel und den Basalganglien → Vv. profundae cerebri

Kopf und Hals

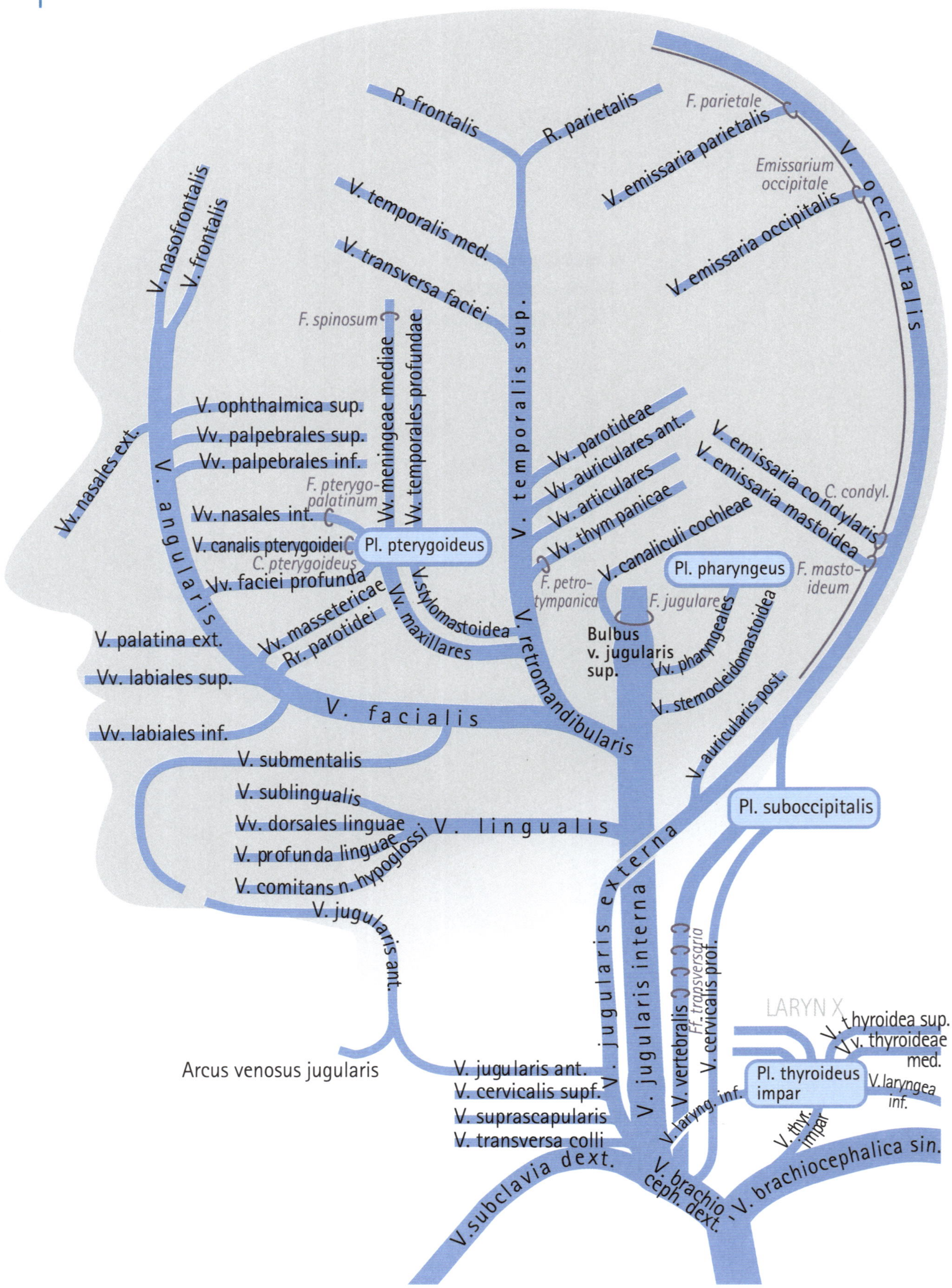

Verbindungen der Emissarvenen

Verbindung innen		Emissarvene		Verbindung außen
Sinus sigmoideus	→	V. emissaria mastoidea	→	V. occipitalis
Sinus sigmoideus	→	V. emissaria condylaris	→	Plexus vertebralis externus
Sinus sagittalis superior	→	V. emissaria parietalis	→	V. temporalis superficialis
Confluens sinuum	→	V. emissaria occipitalis	→	V. occipitalis

Schulter und Oberarm

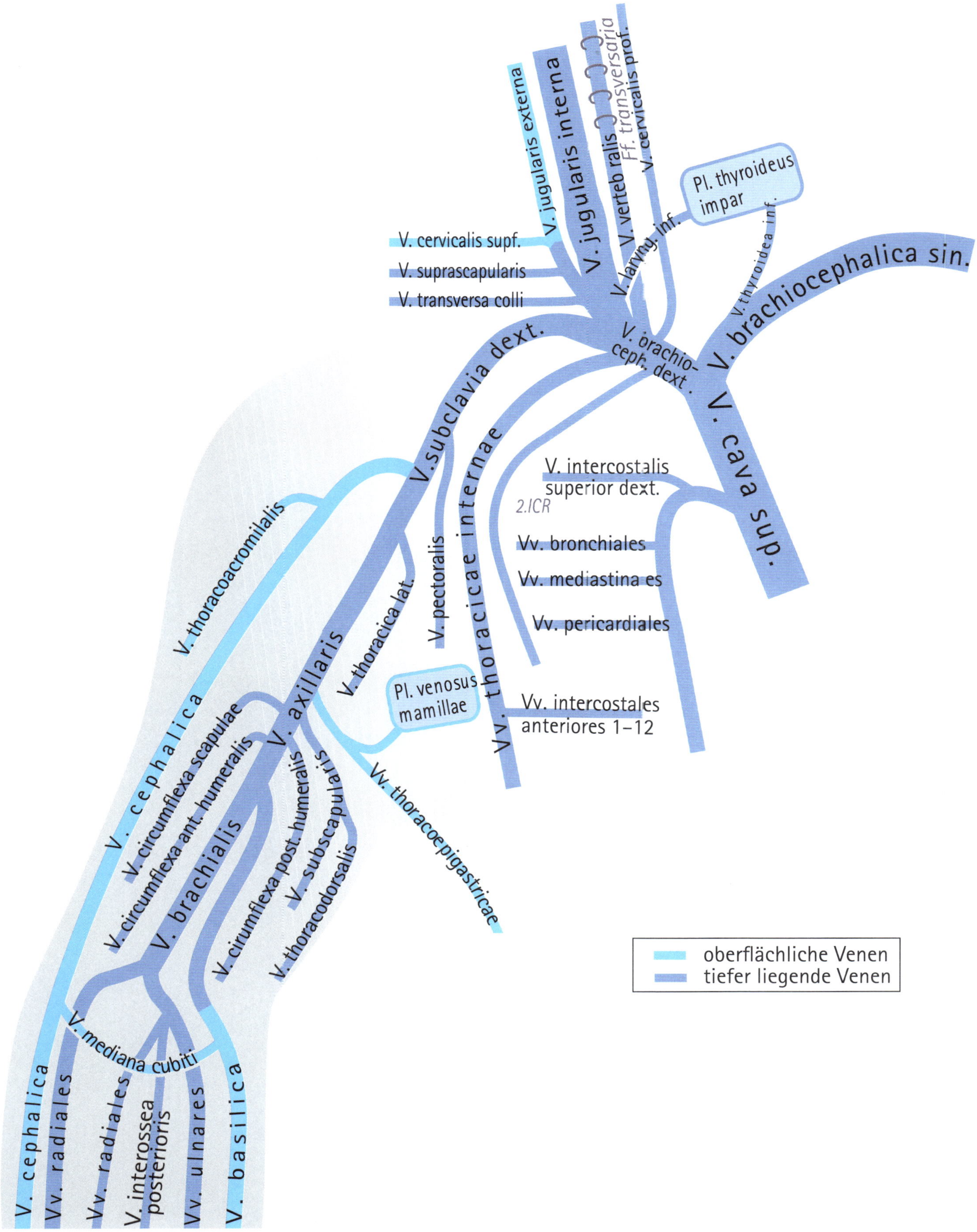

Venen im oberen Armbereich

Oberflächliche Armvenen	Tiefe Armvenen
V. cephalica	V. subclavia
V. basilica	V. axillaris
V. mediana cubiti	Vv. brachiales

Unterarm und Hand

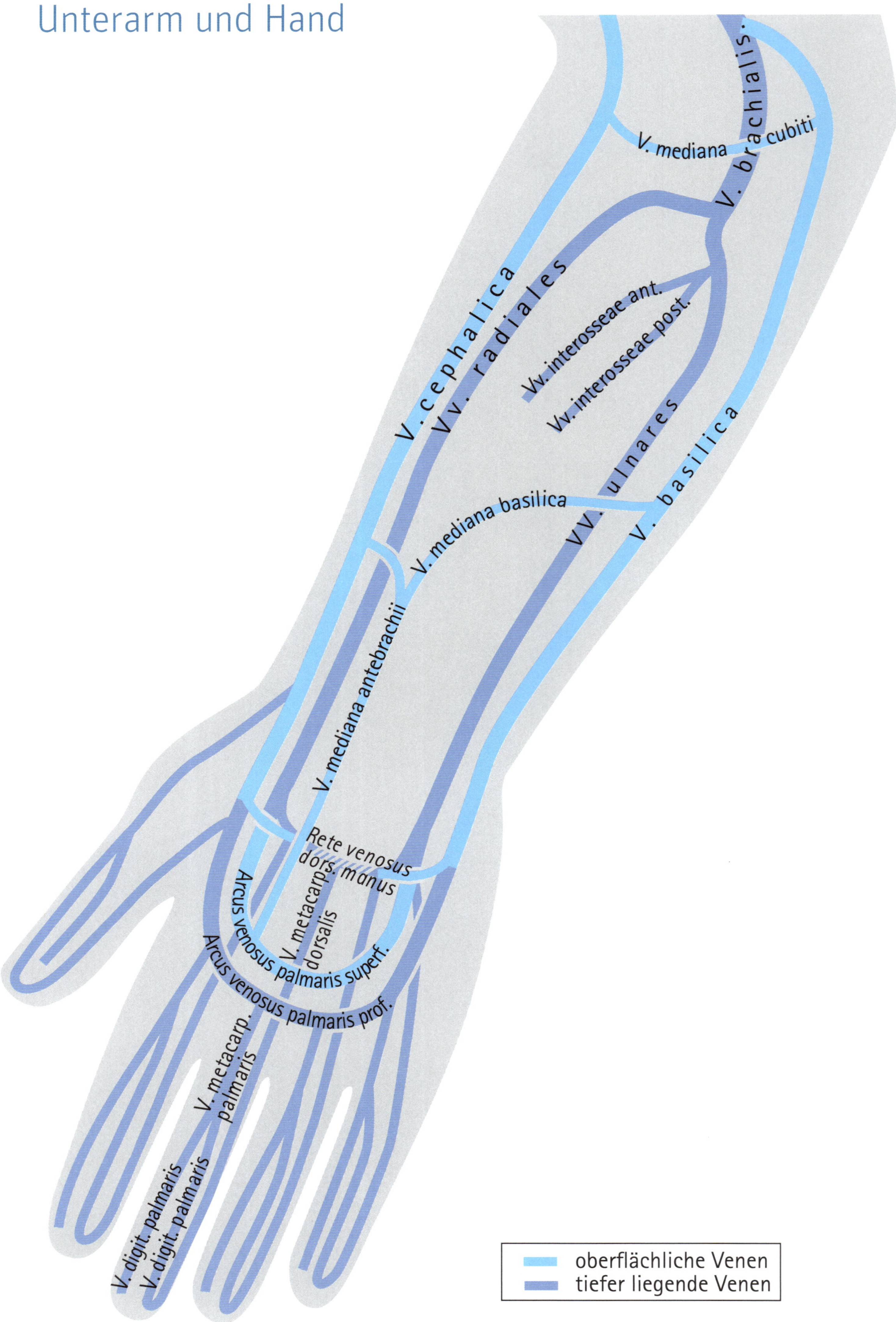

Herz und Diaphragma

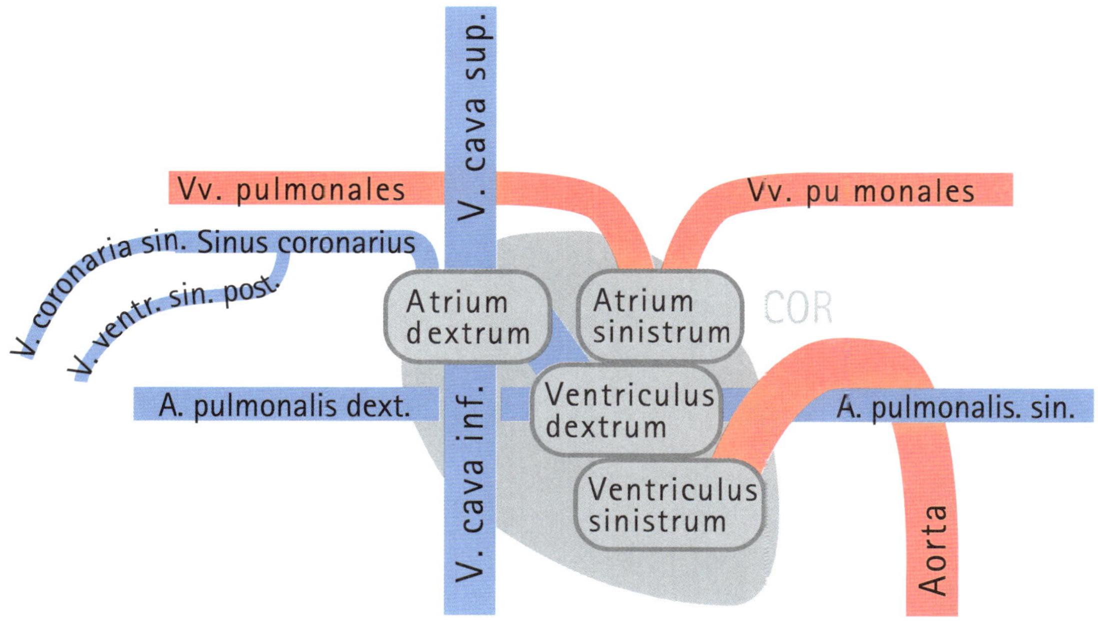

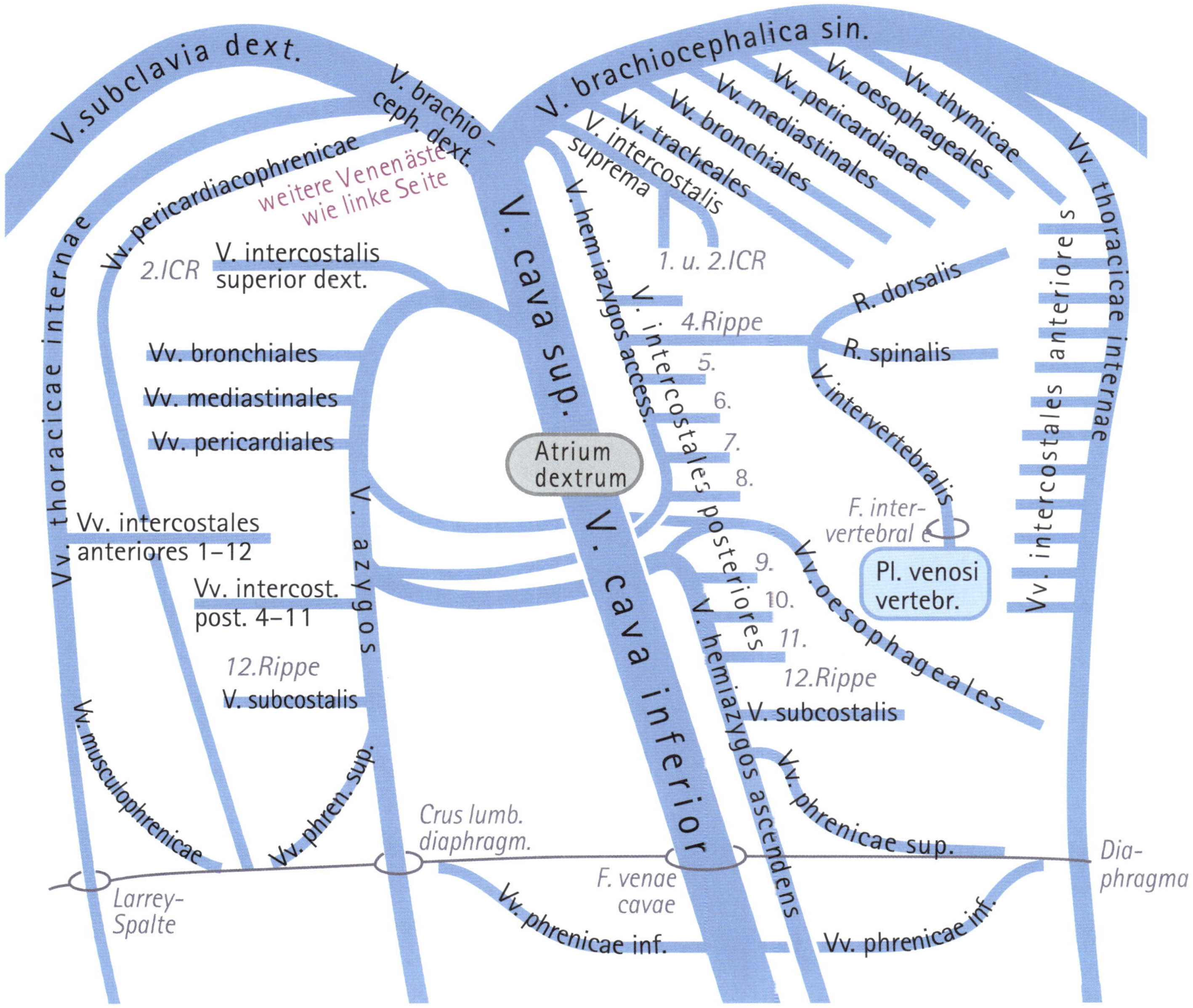

Wichtige Zuflüsse des Sinus coronarius (Koronarvenen)

- V. cardiaca magna
- V. interventricularis posterior
- V. ventriculi sinistri posterior
- V. cardiaca parva
- V. obliqua atrii sinistri (Marshall)

Zuflüsse zur V. cava

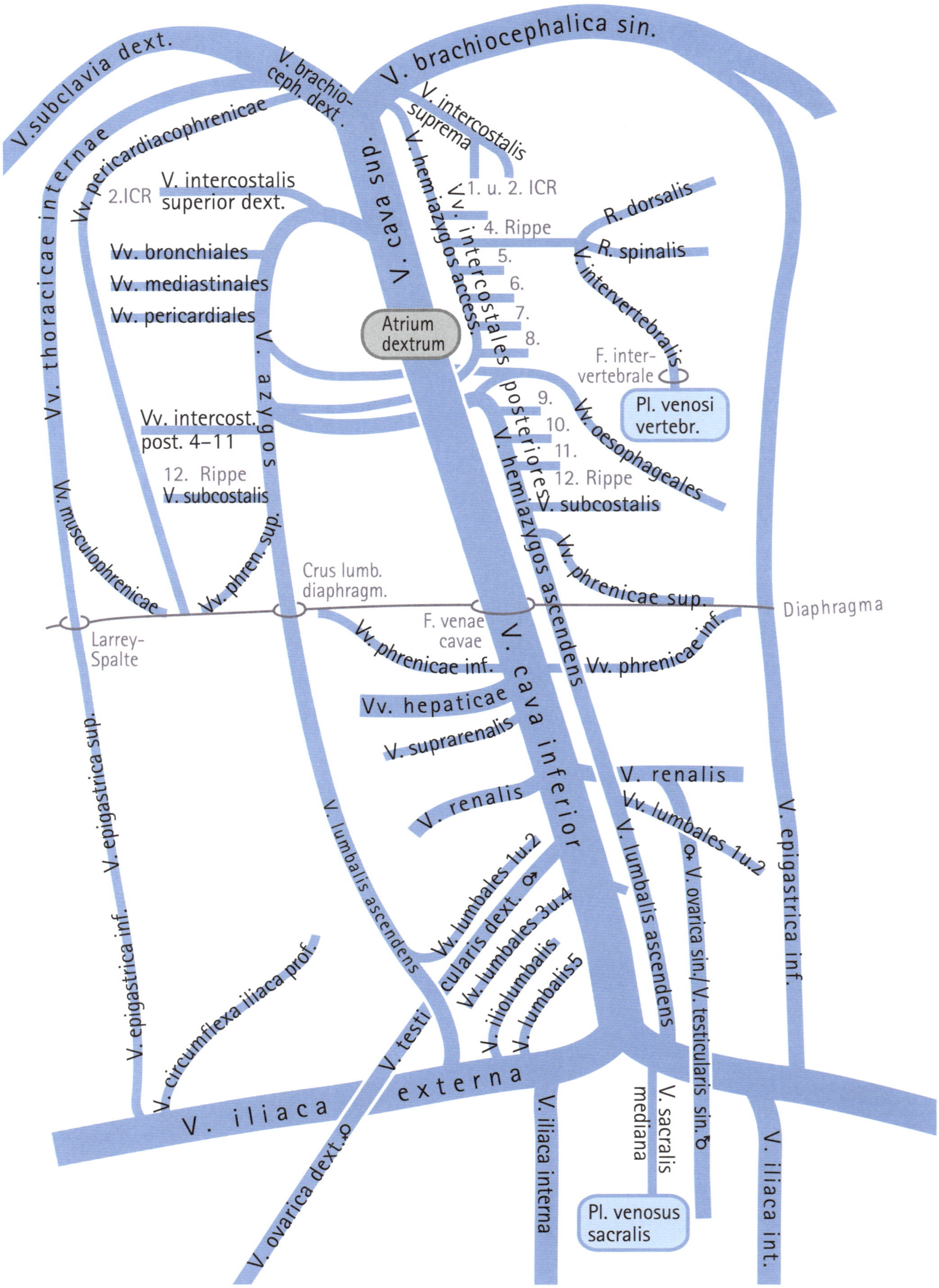

Anastomosen im Bereich der V. cava

Cava-cava-Anastomosen

V. lumbalis ascendens

Übergänge von V. epigastrica inferior in die Vv. epigastricae superiores

Übergänge von Vv. thoracoepigastricae in die V. epigastrica superficialis

Portokavale Anastomosen

Vv. oesophageales → Oesophagusvarizen

Vv. paraumbilicales → Caput medusae

Vv. rectales mediae et inferiores → Varizen im Rektumbereich (Analvarizen)

Anastomosen zu Venen des Retroperitonealraums

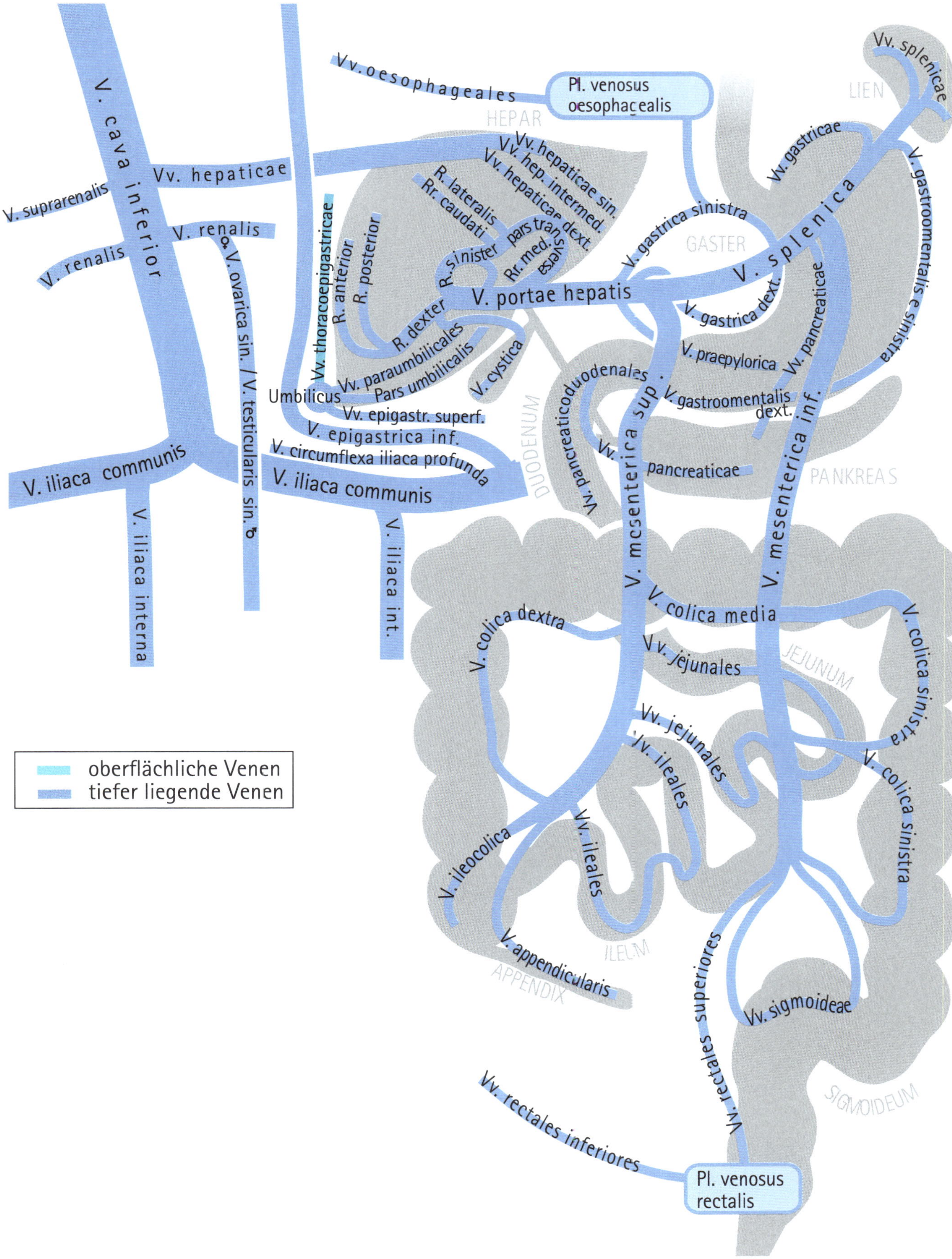

Klinische Hinweise

Bei einer portalen Hypertension im Bereich der Leber kann es über die Vv. paraumbilicales zur Ausbildung eines Umgehungskreislaufs in die epifasziellen Venen der Bauchhaut kommen. Dieser Umgehungskreislauf leitet das Blut in das kavale Venensystem. Die Bauchvenen sind in Folge dessen stark gestaut, varizenartig erweitert und gut sichtbar. Dieses als Caput medusae bezeichnete Symptom ist jedoch sehr selten zu beobachten.

Die zirkumanalen Hautäste der V. rectalis inferior können Varizen bilden.

Männliches Becken

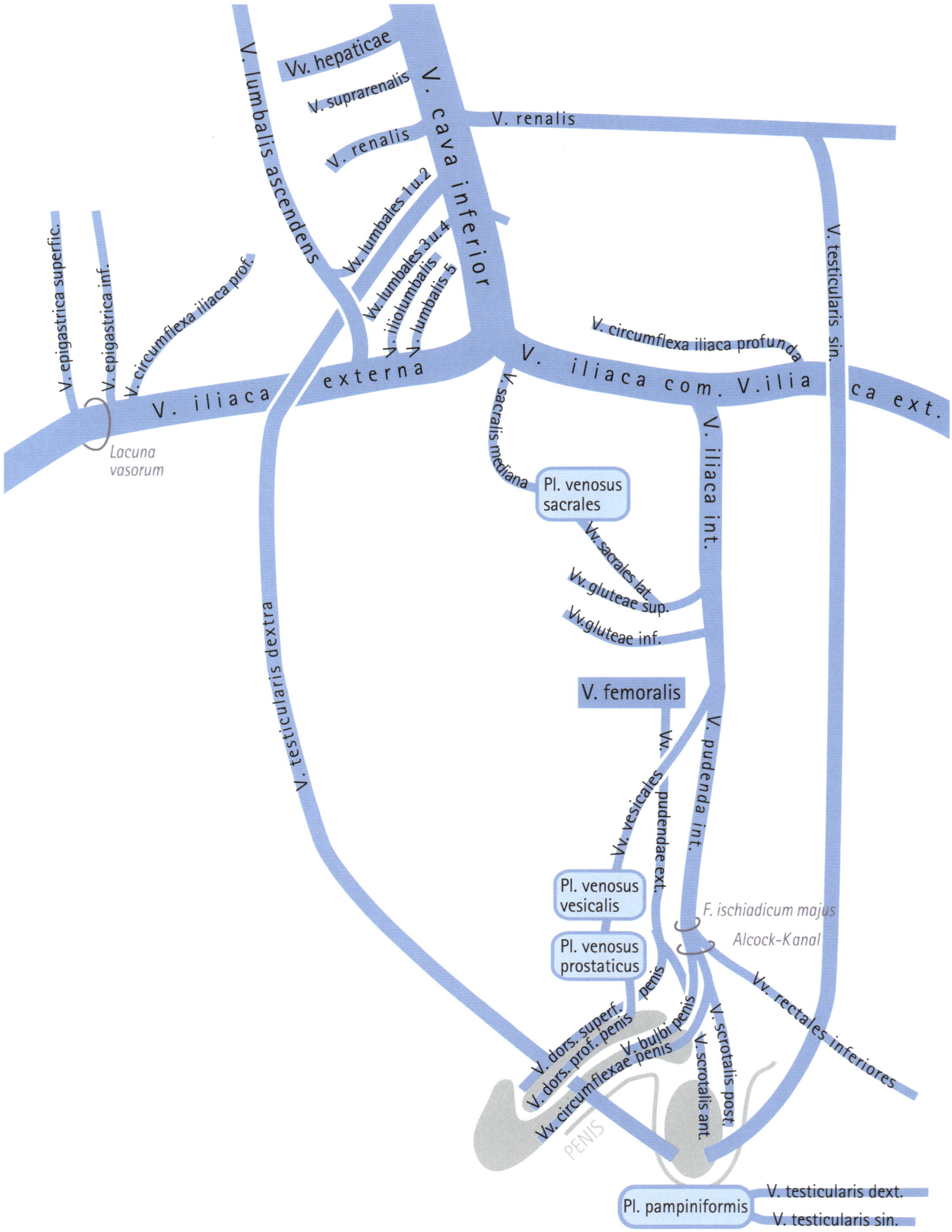

Venöse Abflüsse des Penis

Vv. profundae penis

V. bulbi penis → V. pudenda interna

V. dorsalis profunda penis → Plexus prostaticus, V. pudenda interna

Vv. dorsales superficiales penis → V. saphena, V. femoralis

Weibliches Becken

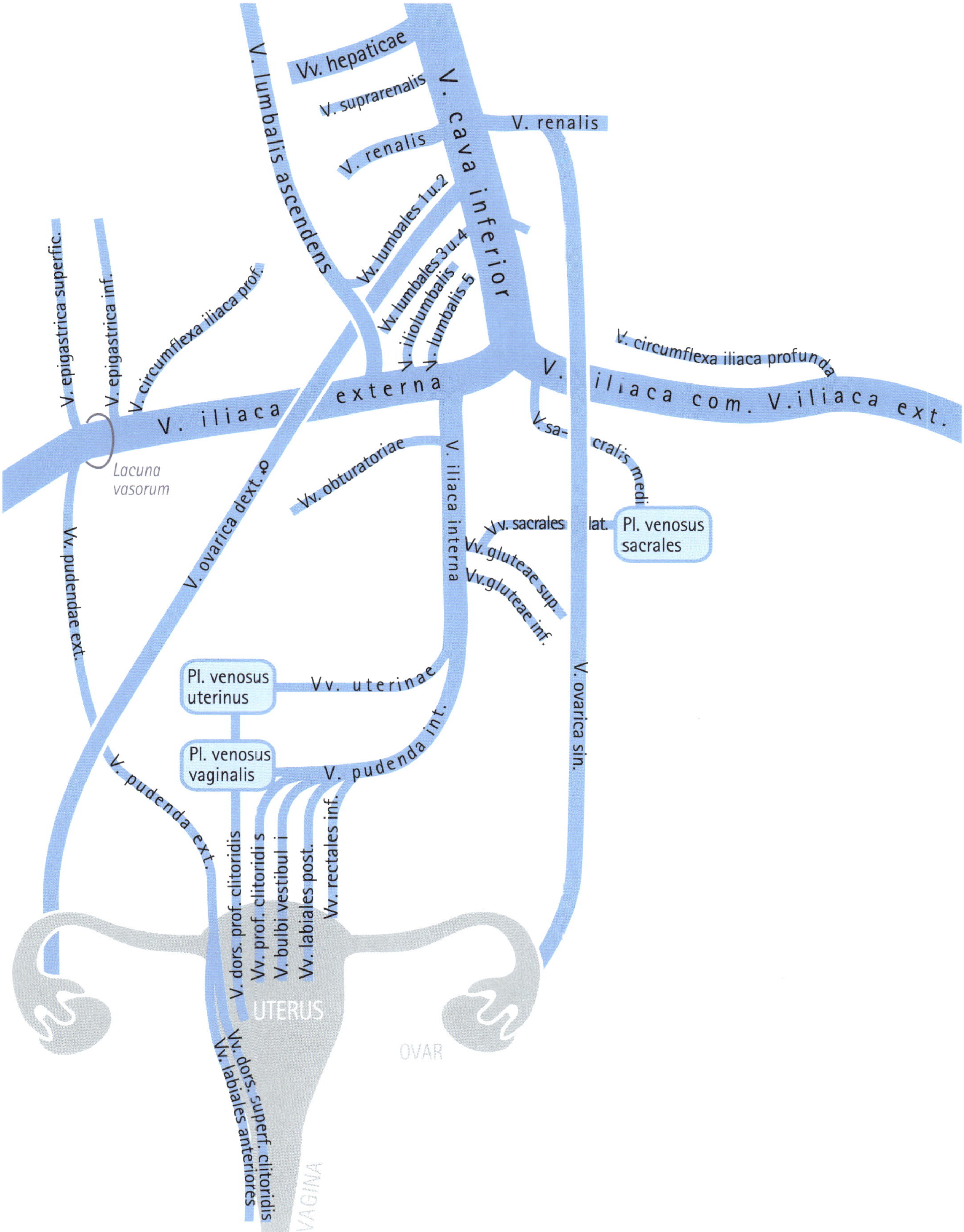

Homologe Venen bei Mann und Frau

♂	♀
V. dorsalis superficialis penis	V. dorsalis superficialis clitoridis
V. scrotalis anterior	Vv. labiales anteriores
V. testicularis dextra (sinistra)	V. ovarica dextra (sinistra)
V. ductus deferentis	V. uterina
V. cremasterica	V. ligamenti teretis uteri

Untere Extremität

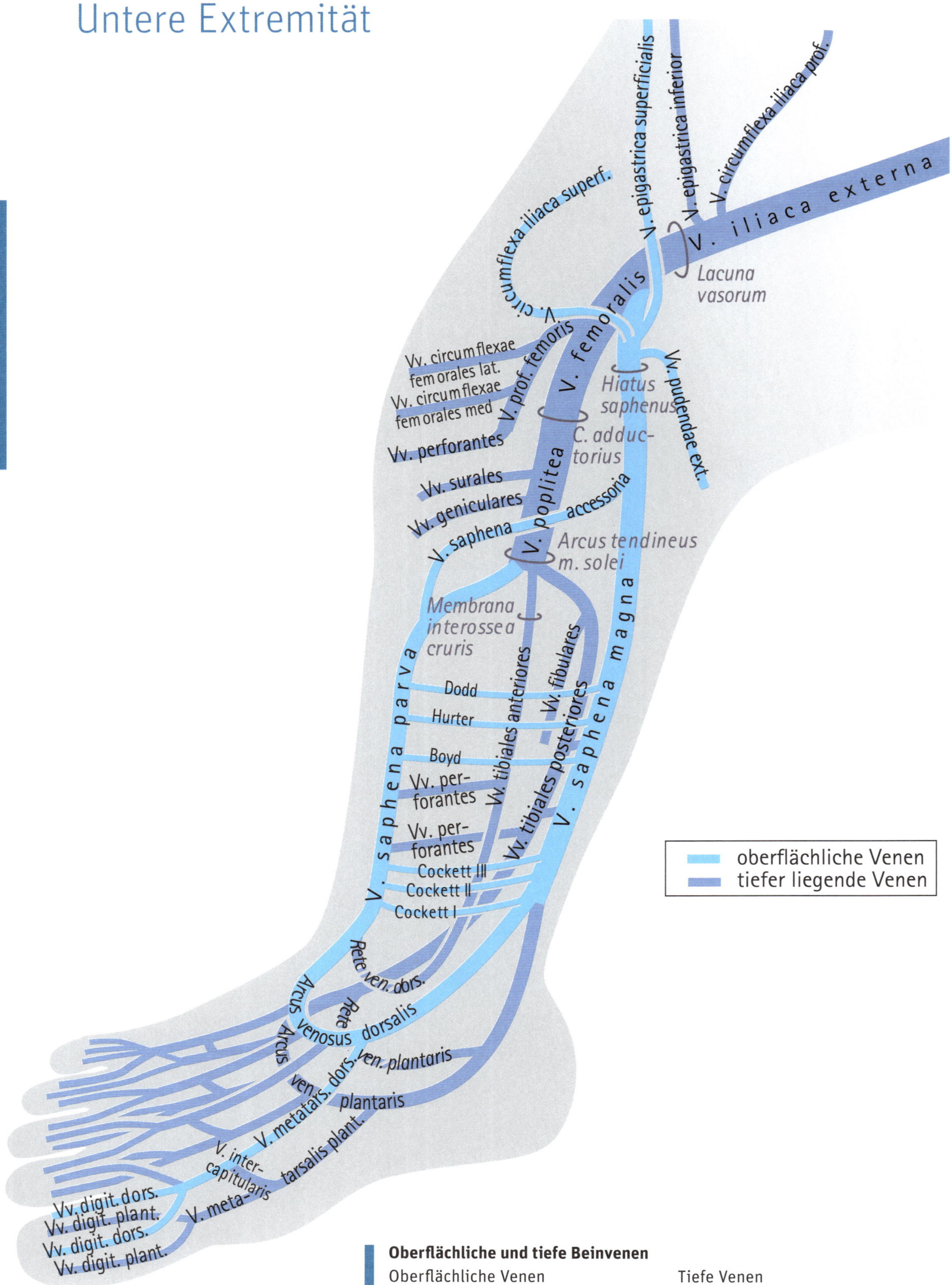

Oberflächliche und tiefe Beinvenen

Oberflächliche Venen	Tiefe Venen
V. saphena magna	Vv. tibiales anteriores et posteriores
V. saphena parva	Vv. fibulares
Venenstern:	V. poplitea
→ Vv. pudendae externae	V. femoralis
→ V. epigastrica superficialis	
→ V. circumflexa ilium superficialis	

Meine Notizen zu den Venen

Die wichtigsten Lymphorgane und -knoten

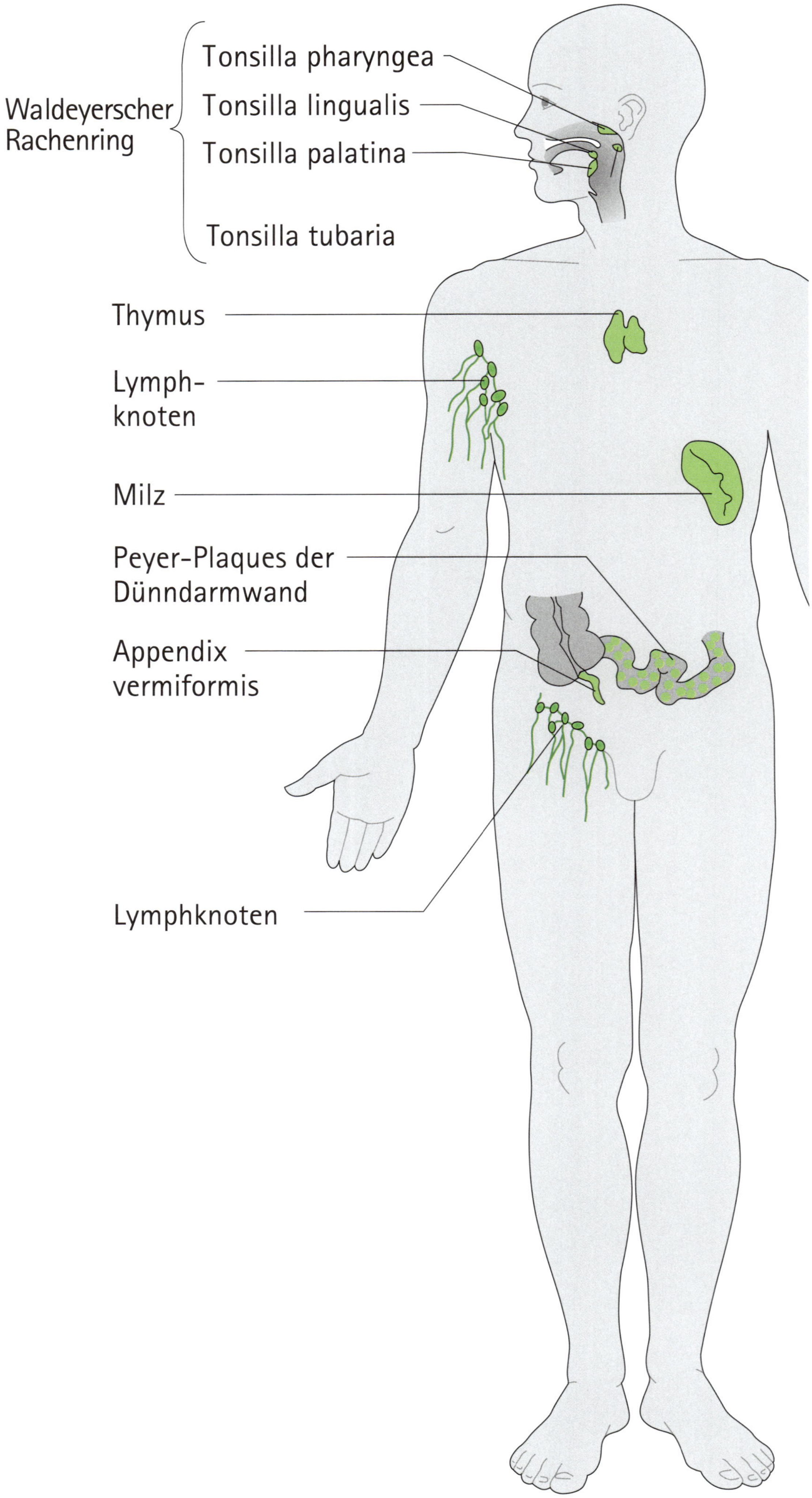

Die einzelnen Tafeln im Überblick

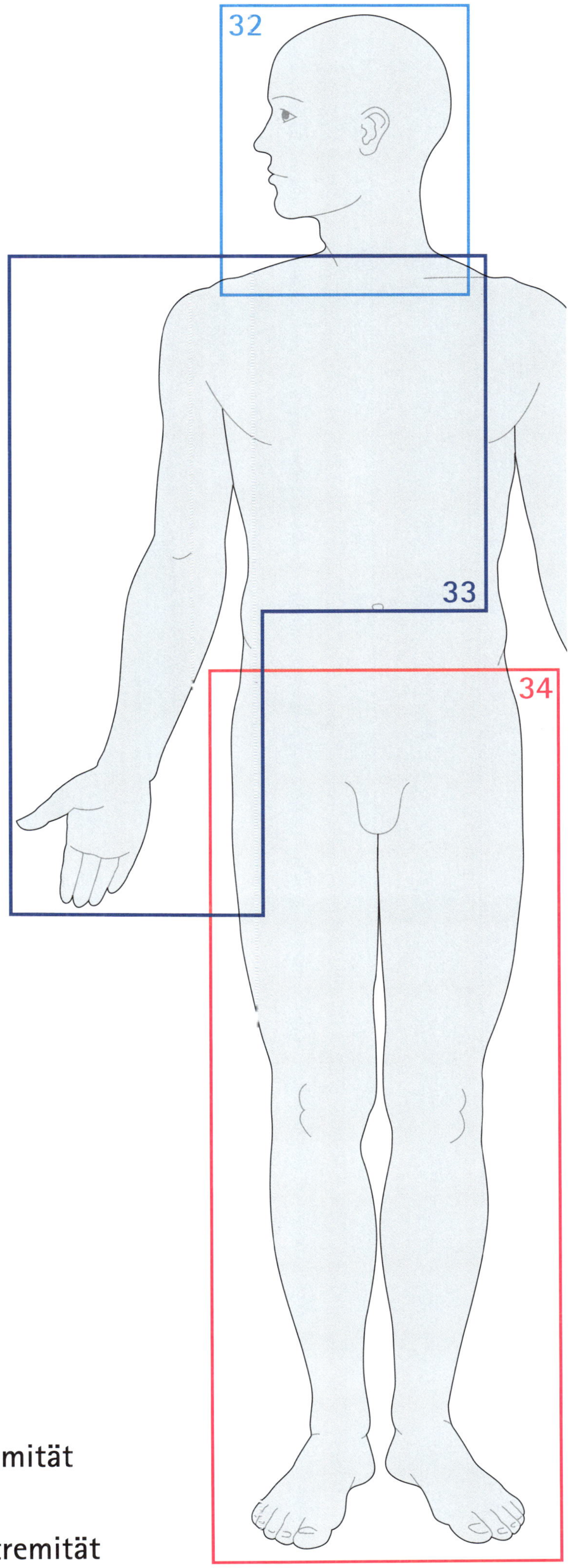

32 Kopf und Hals

33 Mediastinum und obere Extremität

34 Becken, Leiste und untere Extremität

Kopf und Hals

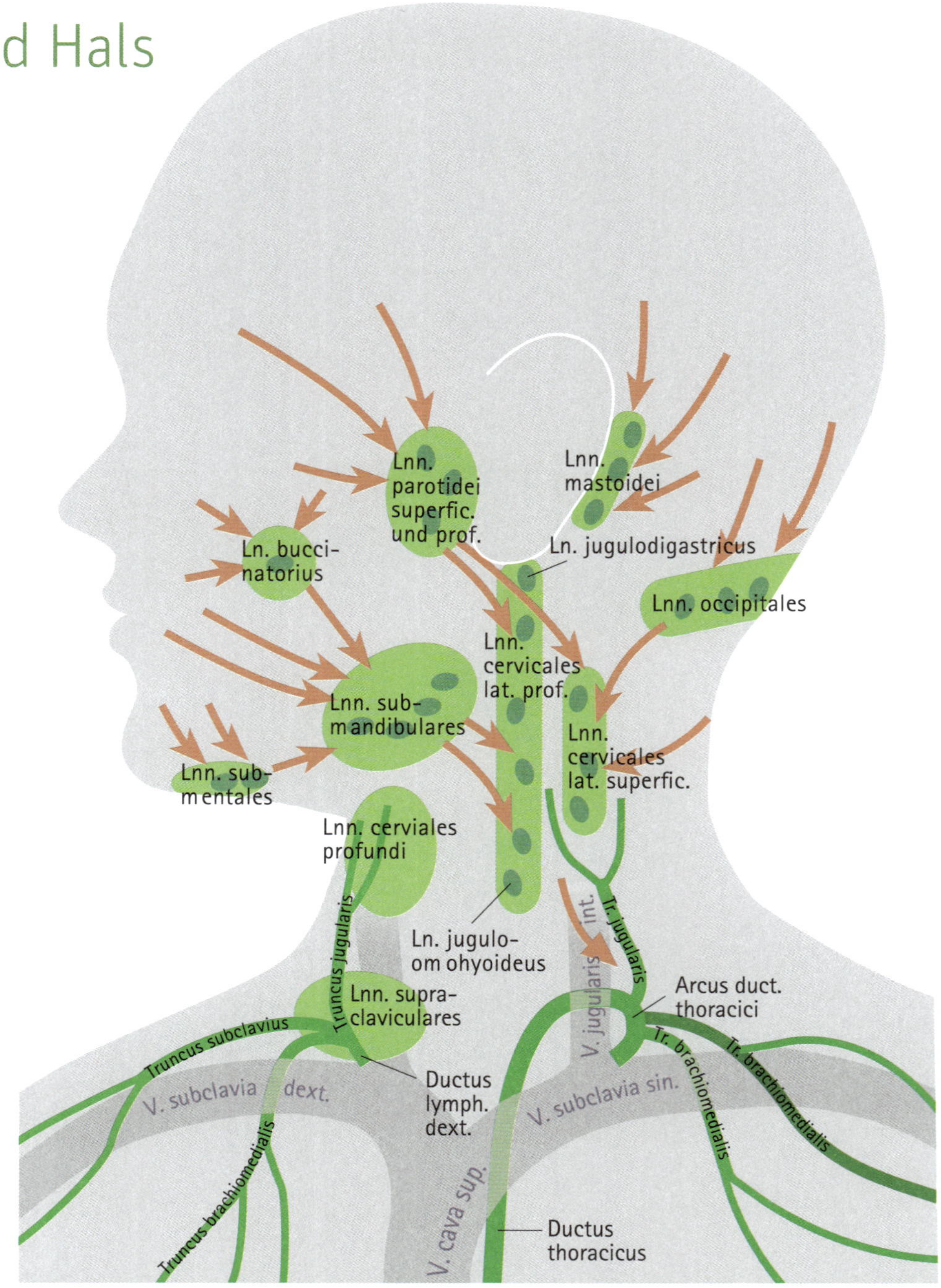

Lnn.	Einzugsgebiet	Abfluss
Lnn. occipitales	Haut der Hinterkopf- und Nackengegend	Lnn. cervicales laterales profundi
Lnn. mastoidei	Dorsale Fläche der Ohrmuschel; Kopfhaut nahe des Processus mastoideus; Cellulae mastoideae	
Lnn. parotidei superficiales	Ventrale Fläche der Concha auriculae; Haut der Regio parietalis et frontalis; lateraler Teil von Lid und Bindehaut	
Lnn. parotidei profundi	Äußerer Meatus acusticus; Cavum tympani; Glandula parotidea; Radix nasi; lateraler Teil von Lid und Bindehaut	
Lnn. submentales	Medialer Teil der Unterlippe; Kinn; Zungenspitze; Mundboden; Zahntaschen und Zahnfleisch der ventralen Zähne des Unterkiefers	Lnn. cervicales laterales profundi; Lnn. submandibulares
Lnn. submandibulares	Medialer Anteil von Lid und Bindehaut; Stirn; Nase und Nasenhöhle; Haut und Schleimhaut von Mund und Lippen; Fossa infratemporalis; ventraler Abschnitt des Nasen-Rachen-Raums; Gaumen; Zähne; Zahnfleisch; Zunge; Mundboden	Lnn. cervicales laterales profundi
Lnn. retropharyngei	Kranialer und medialer Bereich des Pharynx; Ohrtrompete; Paukenhöhle; dorsaler Teil der Nasenhöhle	
Lnn. cervicales anteriores superficiales	Haut der Ventralfläche des Halses	Lnn. cervicales laterals profundi; Lnn. cervicales anteriores profundi
Lnn. cervicales anteriores profundi		
Lnn. infrahyoidei	Kraniale Hälfte des Larynx	Lnn. cervicales laterales profundi
Lnn. praelaryngei	Kaudale Hälfte des Larynx	
Lnn. thyroidei	Schilddrüse	
Lnn. praetracheales et paratracheales	Kaudale Hälfte des Larynx; kaudaler Teil des Halses und der Trachea	
Lnn. cervicales laterales superficiales	Kaudaler Teil der Concha auriculae und der Glandula parotidea; laterale Fläche der Haut des Halses	
Lnn. cervicales laterales profundi superiores et inferiores	Alle Lymphknoten von Kopf und Hals	Truncus jugularis

Mediastinum und obere Extremität

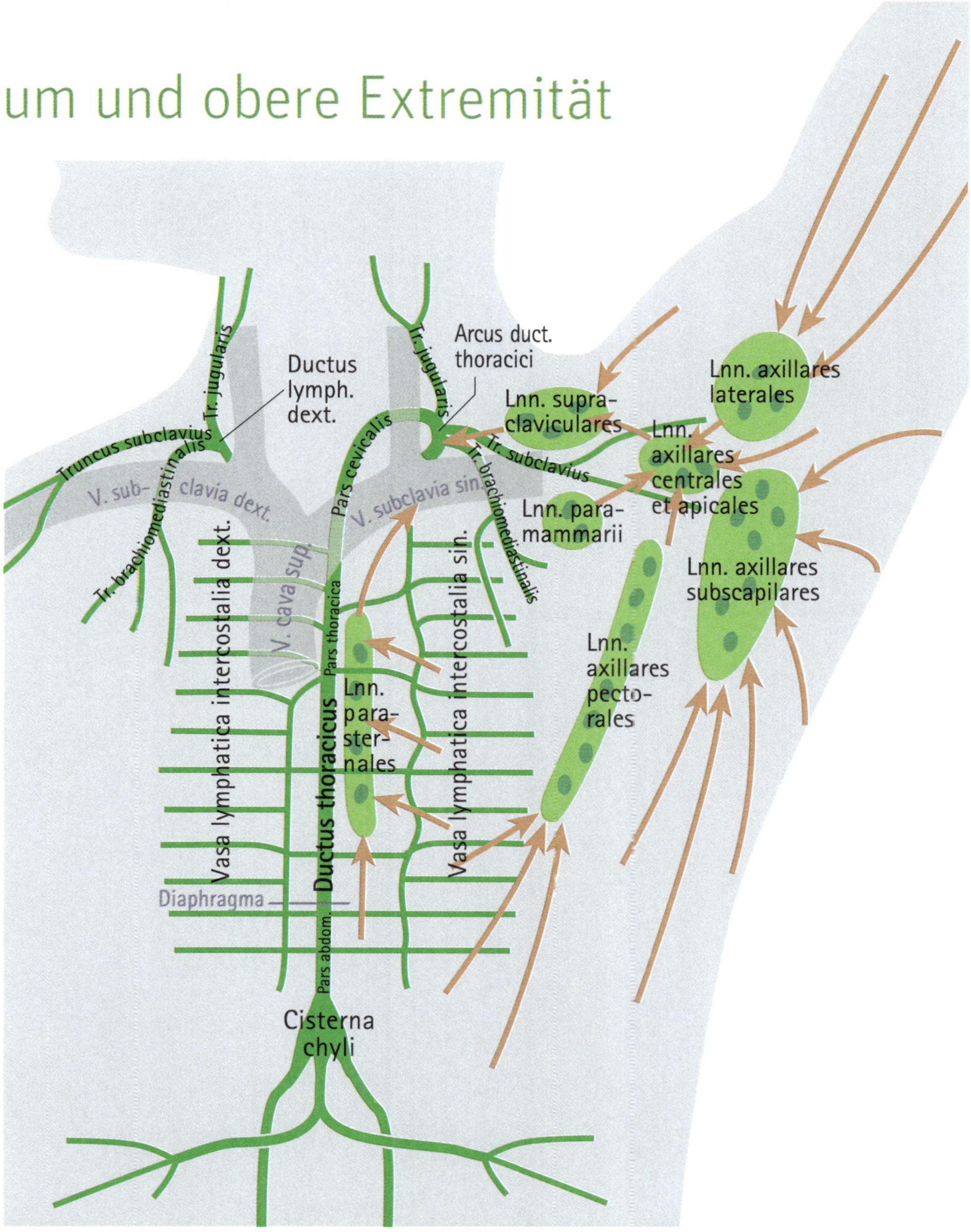

Lnn.	Einzugsgebiet	Abfluss
Lnn. parasternales	Ventrale Brustwand; Mammae; Diaphragma; Zwerchfellfläche der Leber; Pleura parietalis	Ductus lymphaticus dexter; Ductus thoracicus
Lnn. intercostales	Wand der Interkostalräume; Mammae; Pleura parietalis	Ductus thoracicus; kraniale Lymphknoten rechts in den Ductus lymphaticus dexter; kaudale Lymphknoten zur Cisterna chyli
Lnn. praevertebrales	Unmittelbare Umgebung der Lnn. intercostales	Ductus thoracicus
Lnn. phrenici superiores	Pleura diaphragmatica; Diaphragma; Leber	Lnn. parasternales; Lnn. mediastinales anteriores et posteriores
Lnn. praepericardiaci	Sternum; ventrale Fläche des Perikard; Facies diaphragmatica hepatis	Lnn. parasternales; Lnn. mediastinales anteriores
Lnn. pericardiales	Perikard; Pleura mediastinales; Diaphragma; Zwerchfellfläche der Leber	Lnn. parasternales; Lnn. mediastinales anteriores
Lnn. mediastinales anteriores	Thymus; Perikard; Herz	Truncus bronchomediastinalis
Lnn. mediastinales posteriores	Lunge; Bronchien; Trachea; Oesophagus; Perikard; Herz; Pleura mediastinalis; Diaphragma; Zwerchfellfläche der Leber	Truncus bronchomediastinalis; Ductus thoracicus
Lnn. axillares profundi		
Lnn. axillares centrales	Lnn. axillares	Lnn. axillares apicales
Lnn. axillares apicales		Truncus subclavius
Lnn. axillares superficiales		
Lnn. axillares laterales	Lymphgefäße des Armes; *Ausnahme:* mit der V. cephalica verlaufende Lymphgefäße zu Lnn. axillares centrales et apicales	Plexus lymphaticus axillaris zu Lnn. axillares centrales et apicales
Lnn. axillares pectorales	Ventrale, laterale Brustwand; zentraler + lateraler Teil der Mammae (z. T. via Lnn. paramammarii, Lateralrand Mamma); ventrale Bauchwand, kranial des Nabels	
Lnn. axillares subscapulares	Haut und Muskeln der kranialen Nackenregion; dorsaler Schulterbereich; dorsale Brustwand	
Lnn. axillares interpectorales	Mammae	Lnn. axillares apicales
Lnn. axillares brachiales	Radialseite des Arms	Lnn. axillares laterales
Lnn. axillares cubitales	Haut der Medialseite des Unterarms	

Becken, Leiste und untere Extremität

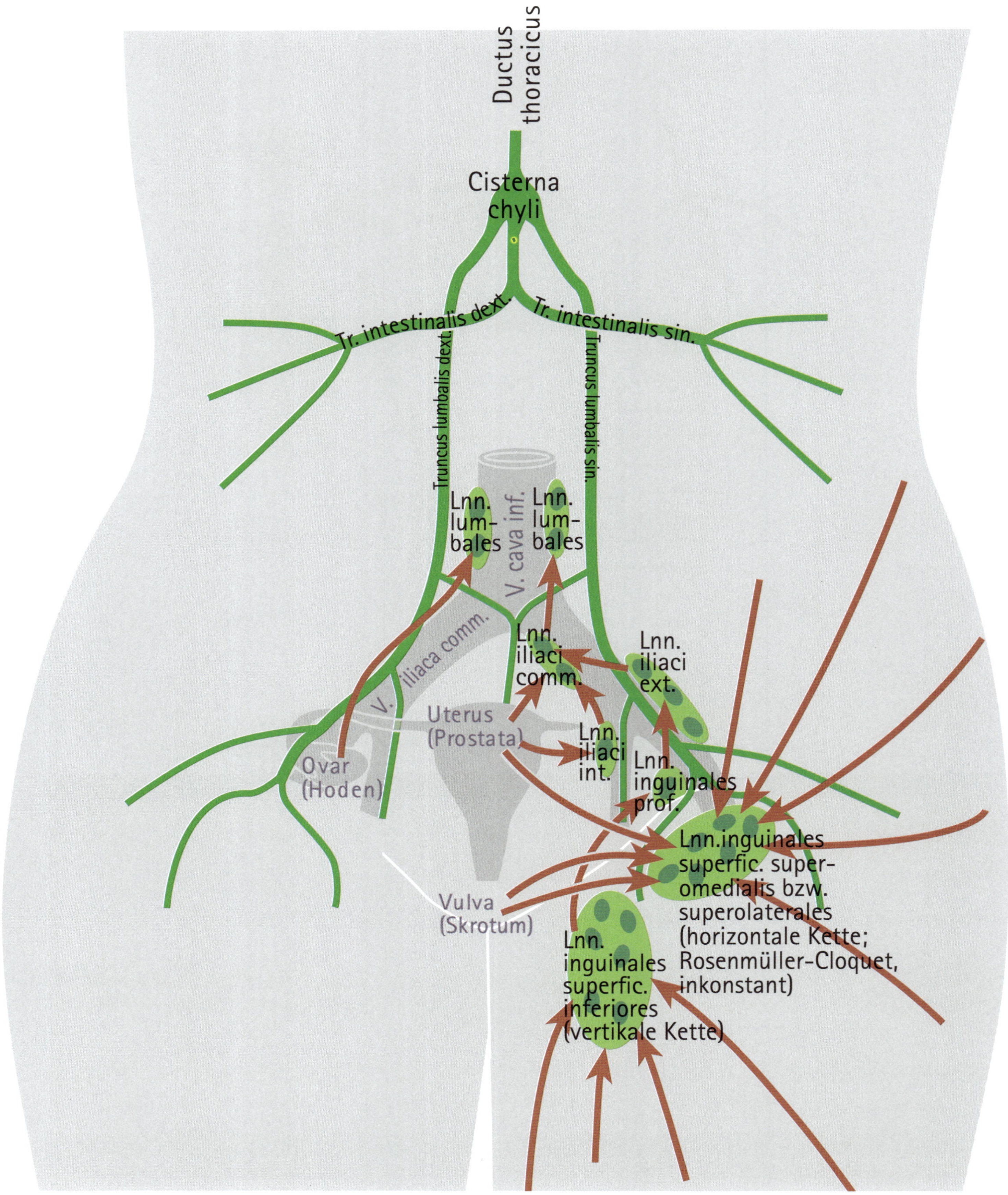

Metastasierungswege im Bauch

Jejunum Ileum Zaekum Colon ascendens Colon transversum	→	Lnn. mesenterici superiores	Colon descendens Sigmoid	→	Lnn. mesenterici inferiores
			Pars pelvica	→	Paraaortale, iliakale Lnn.
			Pars analis recti	→	Inguinale Lnn.

Lnn.	Einzugsgebiet	Abfluss
Lnn. lumbales	Diaphragma; dorsale Bauchwand; Nebenniere; Nierenbecken; Ureter; Testis; Hoden; Ovar; Tuber uterina; Uterus; Lnn. der Becken- und Bauchwand und der unteren Extremität	Truncus lumbalis; Truncus intestinalis
Lnn. epigastrici inferiores	Versorgungsgebiet der A. epigastrica inferior	Lnn. iliaci externi
Lnn. coeliaci	Lymphknoten von Magen, Ileum, Jejunum, Leber, Gallenblase, Pankreas und Milz	Truncus intestinalis
Lnn. phrenici inferiores	Diaphragma; Leber	Ductus thoracicus
Lnn. gastrici sinistri et dextri	Abdominaler Teil von Oesophagus; Magen im Bereich der Curvatura ventriculi minor	Lnn. coeliaci; Lnn. praeaortici; Lnn. aortici laterales; Trunci lumbales; Trunci intestinales
Lnn. gastroomentales dextri et sinistri	Magen Omentum majus	Lnn. pylorici et hepatici; Lnn. praeaortici; Lnn. pancreatici superiores; Lnn. aorticilaterales; Trunci intestinalis
Lnn. pylorici	Pars pylorica gastricae; Duodenum; kranialer Teil des Pankreas	Lnn. hepatici; Lnn. coeliaci; Lnn. praeaortici
Lnn. pancreatici superiores	Pankreas; Duodenum; Milz	Lnn. aortici laterales; Lnn. praeaortici; Trunci intestinalis
Lnn. pancreatici inferiores	Pankreas; Duodenum	Lnn. aortici laterales; Lnn. praeaortici; Lnn. mesenterici superiores; Trunci intestinalis
Lnn. pancreaticoduodenales superiores et inferiores	Kranialer Teil des Pankreas; Duodenum	Lnn. hepatici; Lnn. mesenterici superiores
Lnn. hepatici	Lymphknoten der Organe des Oberbauchs	Lnn. coeliaci; Lnn. praeaortici; Lnn. aortici laterales; Trunci intestinalis
Lnn. mesenterici superiores	Mediale Gruppe der Mesenteriallymphknoten	Lnn. coeliaci; Lnn. praeaortici; Lnn. aortici laterales; Trunci intestinalis
Lnn. mesenterici inferiores	Jejunum; Ileum	Mediale Gruppe der Mesenteriallymphknoten
Lnn. ileocolici	Terminales Ileum; Caecum; Appendix vermiformis	Lnn. mesenterici superiores; Truncus intestinalis
Lnn. mesenterici inferiores	Lnn. colici sinistri; Lnn. sigmoidei; Lnn. rectales superiores	Lnn. praeaortici; Trunci intestinalis
Lnn. mesocolici		
Lnn. paracolici	Colon ascendens; Colon transversum; Colon descendens	Lnn. colici dextri, sinistri et medii
Lnn. colici dextri et medii	Lnn. paracolici des Colon ascendens et transversum	Lnn. mesenterici superiores; Trunci intestinales
Lnn. colici sinistri	Lnn. paracolici des Colon descendens	Lnn. mesenterici inferiores; Lnn. praeaortici; Lnn. aortici laterales; Trunci intestinales

Lnn.	Einzugsgebiet	Abfluss
Lnn. iliaci communes mediales	Medialer Teil Ureter; Beckenorgane; Bauchwand unterhalb des Nabels; Hüft- und Gesäßmuskulatur; Lnn. iliaci externi et interni	Lnn. lumbales; Trunci lumbales
Lnn. iliaci externi	Harnblase; Vagina; Lnn. inguinales profundi; Lnn. epigastrici Lnn. iliaci externi	Lnn. iliaci communes
Lnn. iliaci interni	Beckenorgane; Beckenwand; tiefe Bereiche des Dammes; Urethra	Lnn. iliaci communes
Lnn. paravesicales	Harnblase; Prostata	Lnn. iliaci interni
Lnn. parauterini	Cervix uter	Lnn. iliaci communes
Lnn. paravaginales	Kaudaler Teil der Vagina	Lnn. iliaci interni
Lnn. pararectales	Distaler Teil des Rektum	Lnn. iliaci interni
Lnn. inguinales superficiales (horizontale Kette; vertikale Kette)	Rumpfwand kaudal des Nabels; Gesäßgegend; Damm; äußeres Genitale; Fundus uteri; untere Extremität; Haut des Beines	Lnn. inguinales profundi; Lnn. iliaci externi
Lnn. inguinales profundi	Tiefe Teile des Beines; Corpus et Glans penis/clitoridis; Labium minus pudendi; Lnn. poplitei profundi et inguinales superficiales	Lnn. iliaci externi
Lnn. poplitei superficiales	Lateraler Fußrand; Wade	Lnn. poplitei profundi
Lnn. poplitei profundi	Tiefe Vasa lymphatica von Fuß, Unterschenkel und Articulatio genus; Lnn. poplitei superficiales	Lnn. inguinales profundi

Die zwölf Hirnnerven

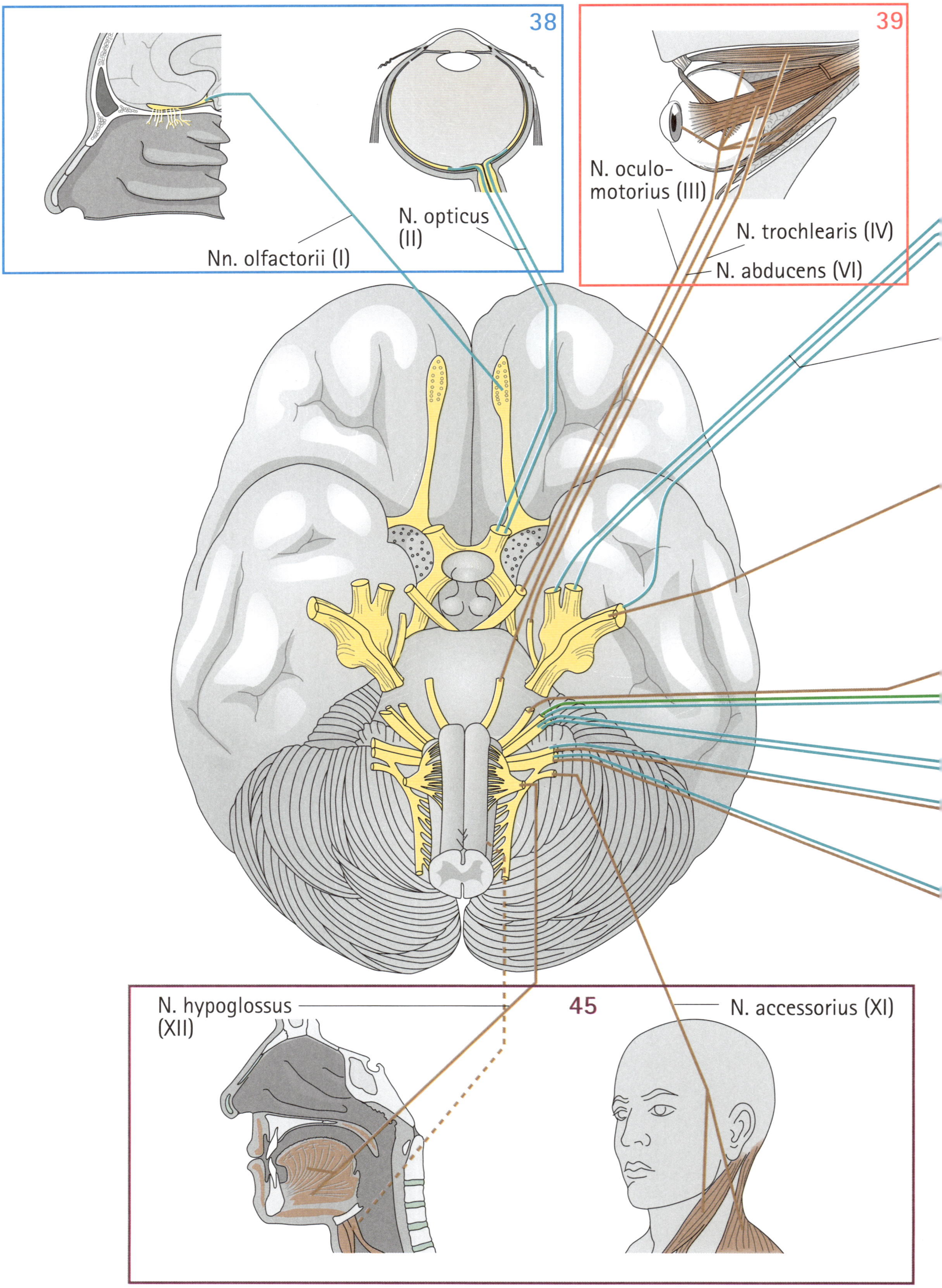

Die einzelnen Tafeln im Überblick

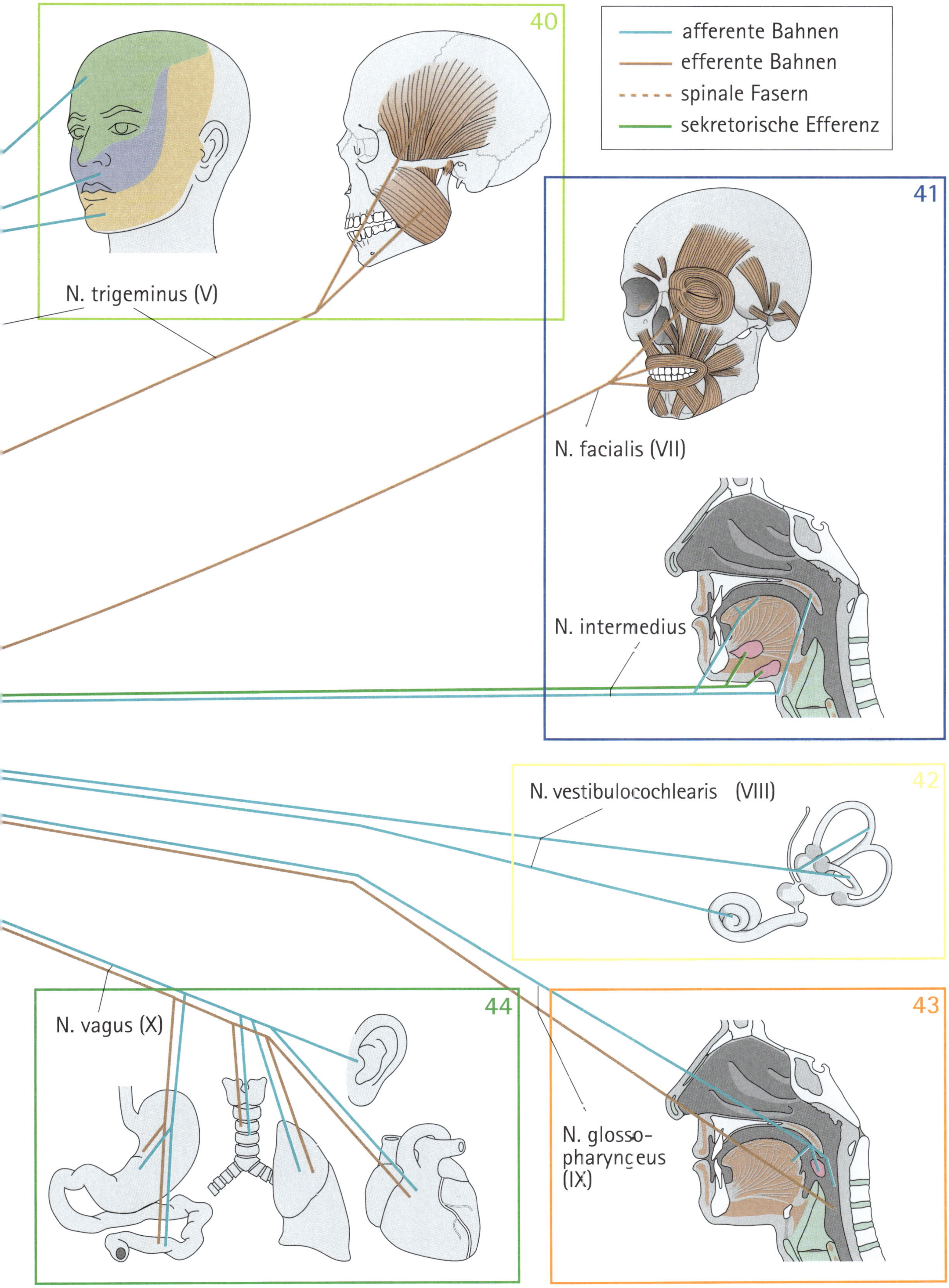

HN I und II

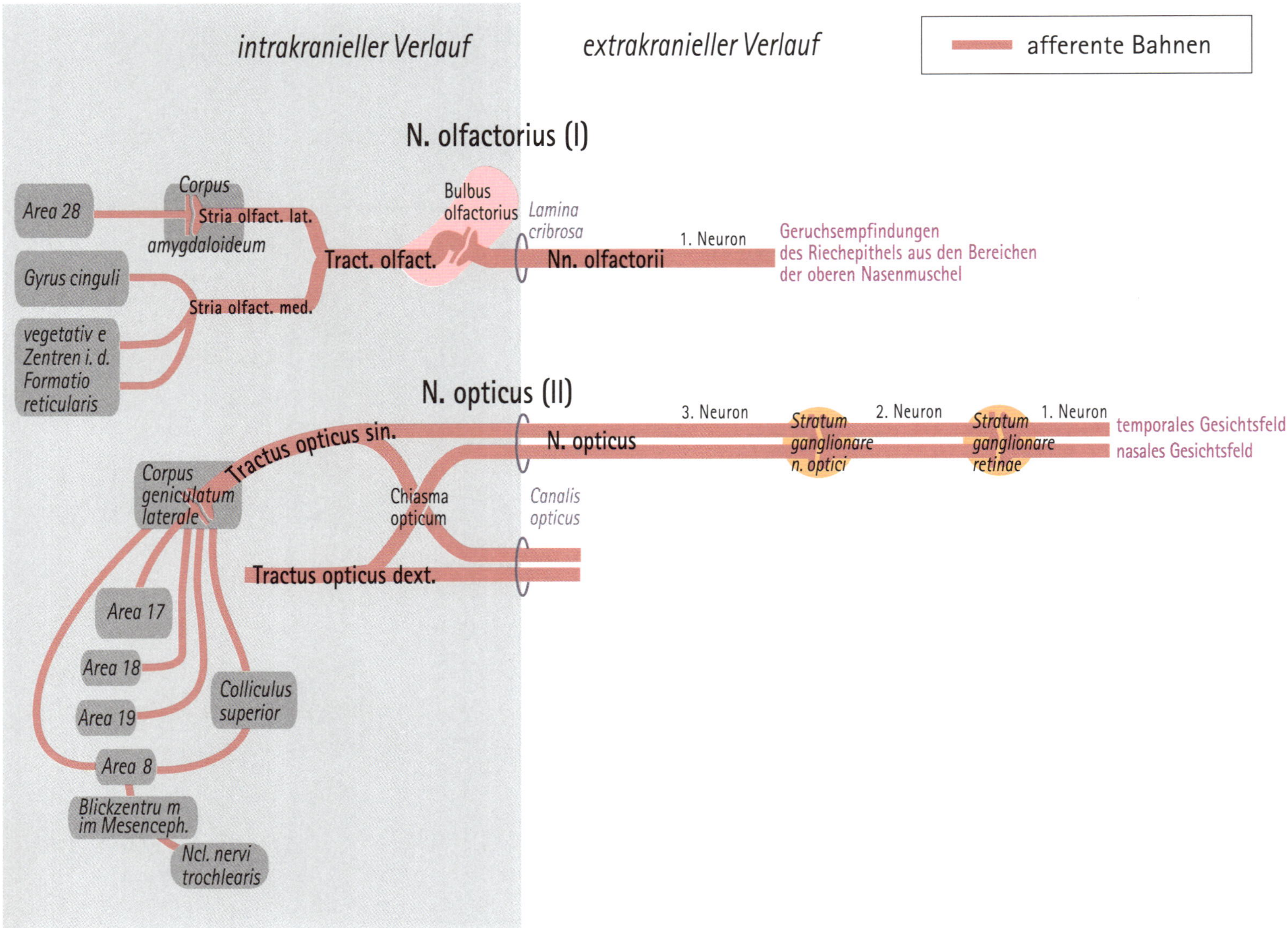

N. olfactorius (HN I)

Der N. olfactorius (HN I) ist Teil des Telencephalons und ist daher, bezogen auf seinen Aufbau, kein typischer Hirnnerv. Das erste Neuron der Riechbahn ist die bipolare Rezeptorzelle in der Riechschleimhaut, deren olfaktorische Zilien in die Schleimschicht ragen.

N. opticus (HN II)

Der N. opticus (HN II) ist ein vorgeschobener Teil des Diencephalons und enthält das dritte Neuron der Sehbahn. Die A. centralis retinae tritt in den distalen Bereich des N. opticus ein und zweigt sich an der Papilla n. optici in ihre Endäste auf, die an der inneren Netzhaut verlaufen.

HN III, IV und VI

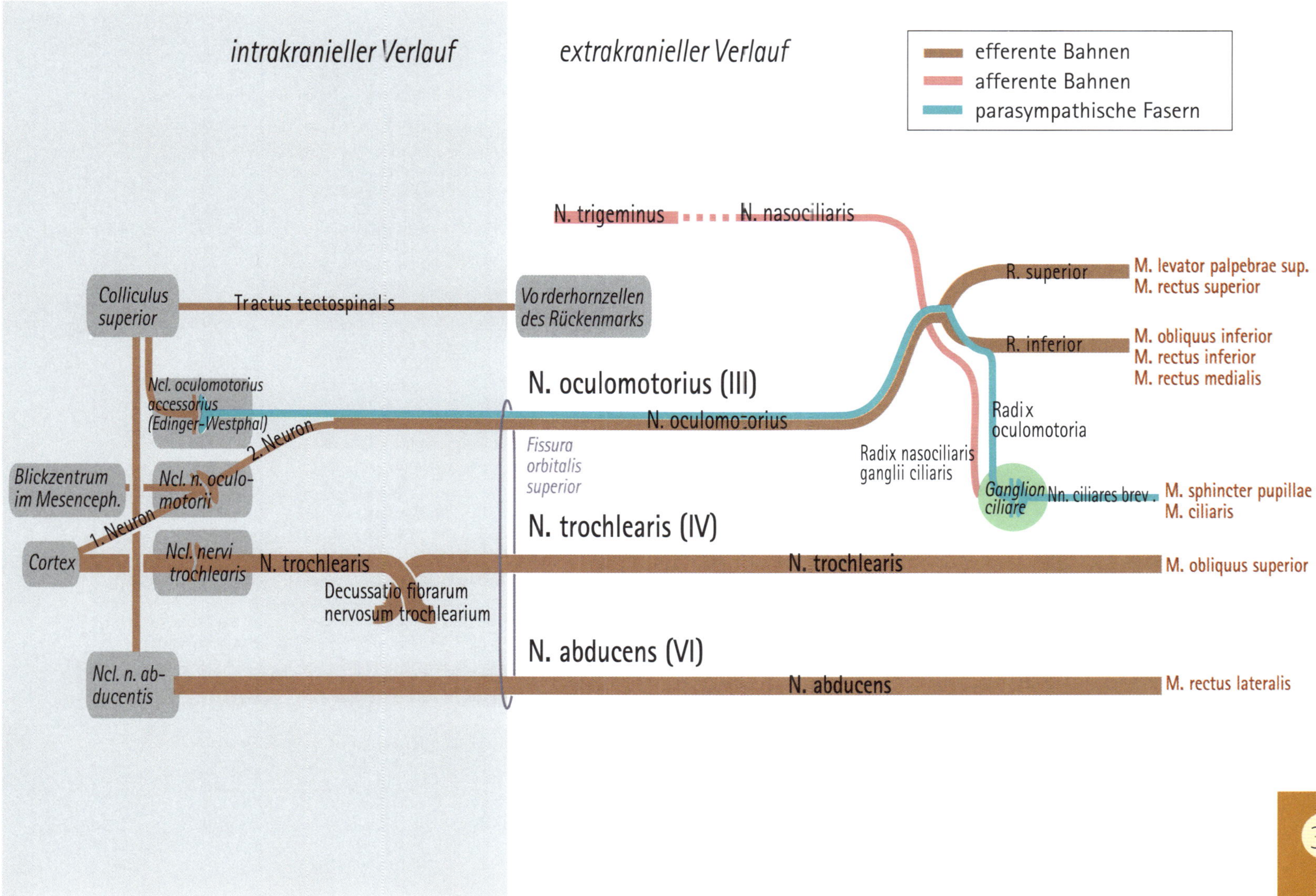

N. oculomotorius (HN III)

Der N. oculomotorius (HN III) innerviert die äußeren Augenmuskeln mit Ausnahme von M. rectus lateralis und M. obliquus bulbi superior.
Da Fasern des N. oculomotorius auch den M. levator palpebrae innervieren, kann aus einer Schädigung auch ein schlaff herunterhängendes Augenlid resultieren (Ptosis).

N. trochlearis (HN IV)

Der N. trochlearis (HN IV) tritt als einziger Hirnnerv dorsal, nahe der Colliculi inferior aus dem Hirnstamm aus. Kein anderer Hirnnerv außer ihm kreuzt auf die Gegenseite. Er innerviert den M. obliquus superior auf der jeweils kontralateralen Seite.

N. abducens (HN VI)

Der N. abducens (HN VI) innerviert den M. rectus lateralis. Fällt er aus, weist das betroffene Auge ein Abduktionsdefizit auf, d. h. beim Blick geradeaus weicht das Auge nach innen ab. Ursachen hierfür können Durchblutungsstörungen, lokale Kompressionen, Infektionen oder Komplikationen nach neurochirurgischen Eingriffen sein. Der lange extradurale, aber noch intrakranielle Verlauf ist ein Faktor, der den frühen Ausfall des M. rectus lateralis bei steigendem Hirndruck erklärt.

Cave

Alle drei Augenmuskelnerven verlaufen ein stückweit in unmittelbarer Beziehung zum Sinus cavernosus und können bei Infektionen des Sinus in Mitleidenschaft gezogen werden.

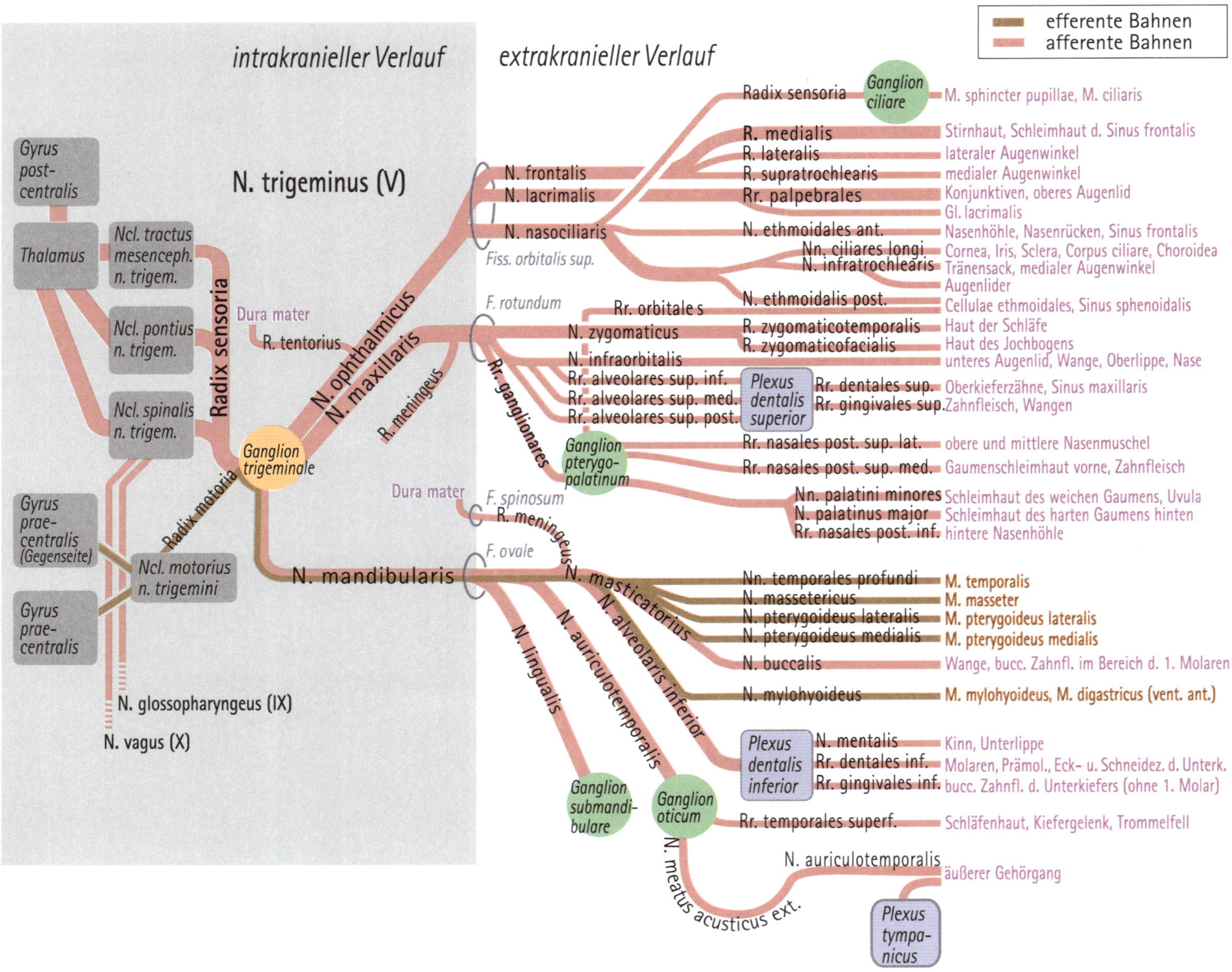

Merkhilfe

Äste des N. trigeminus und ihre Durchtrittspunkte

Äste des N. **ophth**almicus (HN V1) N. **front**alis, N. **nas**ociliaris, N. **la**crimalis	→	**Oft** **frönt** das **Nas**horn **La**stern.
Foramen **ovale** → N. **mand**ibularis Foramen **rot**undum → N. **max**illaris	→	1. **Ovale Mand**eln 2. **rot**er **Max**
Äste des N. **max**illaris (HN V2) N. **z**ygomaticus, R. **m**eningeus, N. **infraorbitalis**, N. p**tery**gopalatinus, Nn. **palatini**, Nn. **alveolaris** superior/posterior/medius/anterior	→	**Max** **z**eigt **M**oritz **unter** den **Augen** von **Terry** seinen **Gaumen** und **vier Zähne**.
Äste des N. **mand**ibularis (HN V3) **Kau**muskulatur innervierende (N. massetericus, N. temporalis profundus, N. pterygoideus medialis/lateralis), N. **li**ngualis, N. **t**ensor tympani, R. **me**ningeus, N. **uri**culotemporalis, N. **t**emporalis profundus, N. **b**uccinator, N. **m**ylohyoideus, N. mentalis (**Kin**n)		**Mand**eln **kau**en **li**efert **t**atsächlich **me**hr **uri**ge **t**olle **B**acken, **m**ein **Kin**d.

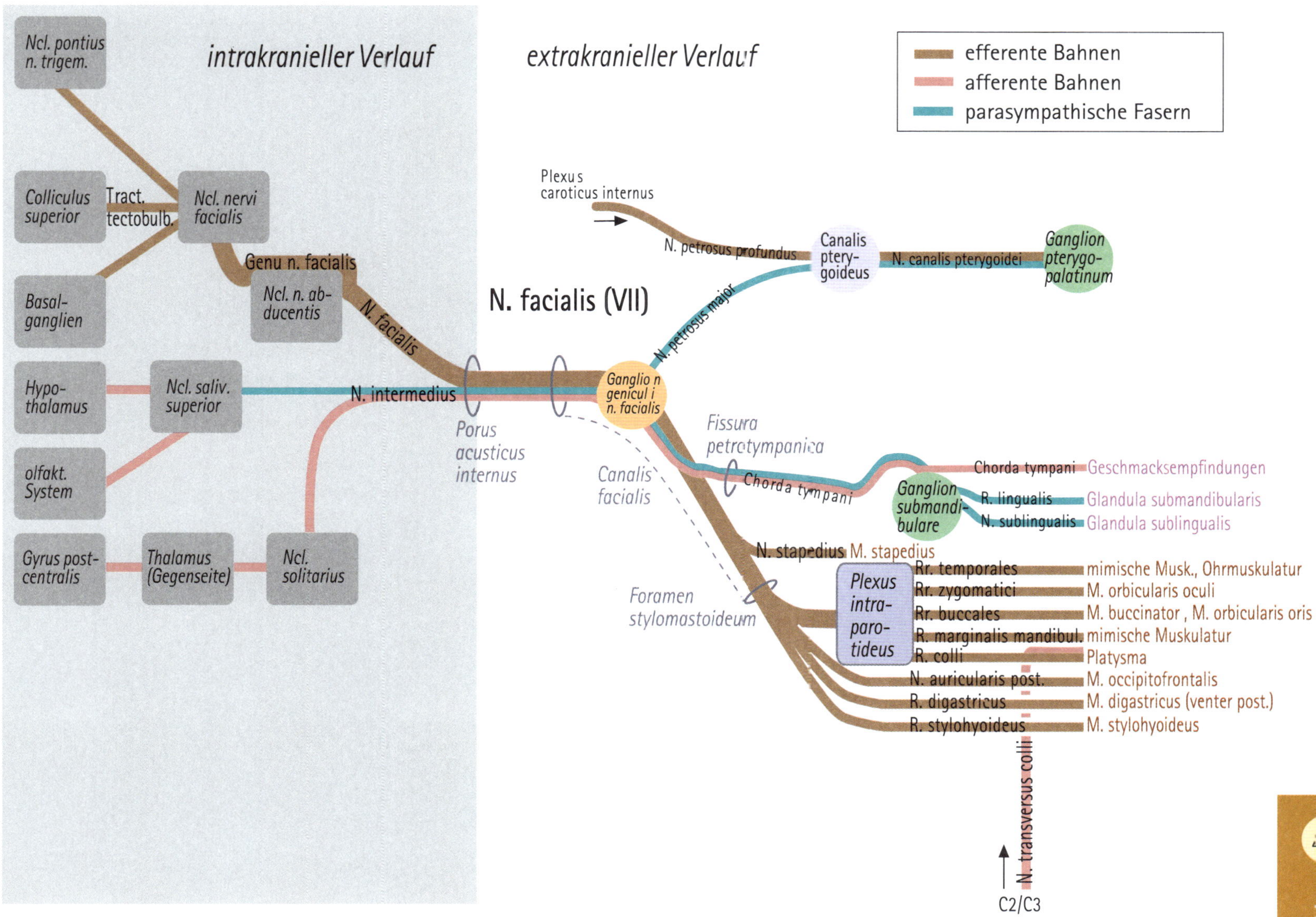

Merkhilfe

Die Äste des N. facialis

Rr. **t**emporales, Rr. **z**ygomatici, Rr. **b**uccales, R. marginalis, R. **c**olli, N. **a**uricularis posterior mit R. **oc**cipitalis → **T**o **Z**anzibar **b**y **m**otor**ca**r, **ok**?

HN VIII

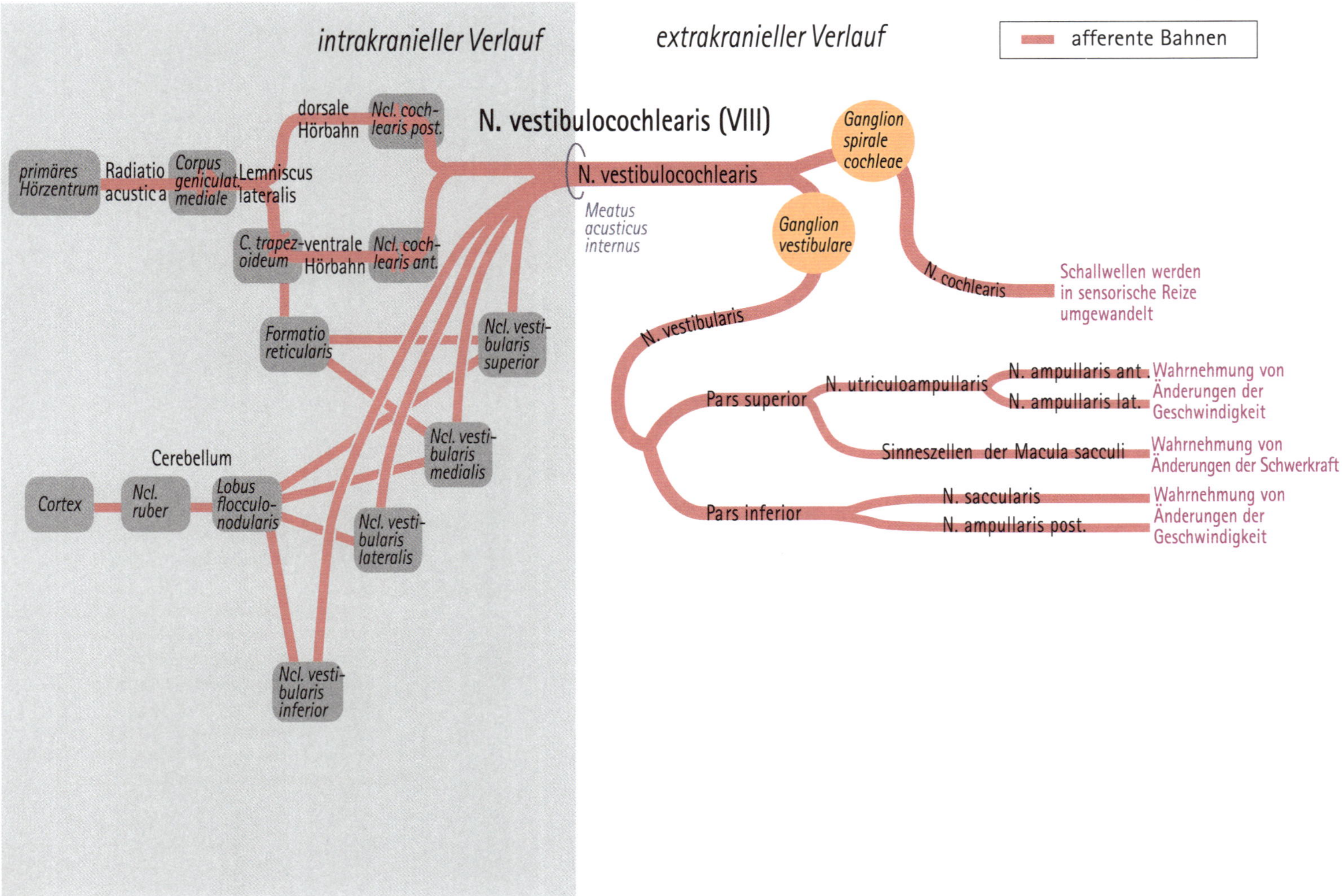

N. vestibulocochlearis (HN VIII)

Der **N. vestibulocochlearis (HN VIII)** ist ein rein sensorischer Nerv, der akustische und statische Informationen an höhere Zentren weiterleitet. Die Stationen der Hörbahn sind:

1. Neuron im Ganglion cochleare des Corti-Organs
2. Neuron im Nucleus cochlearis anterior und Nucleus cochlearis posterior
3. Neuron in den Colliculi inferiores bzw. in den Nuclei lemnisci laterales
4. Neuron im Corpus geniculatum mediale

HN IX

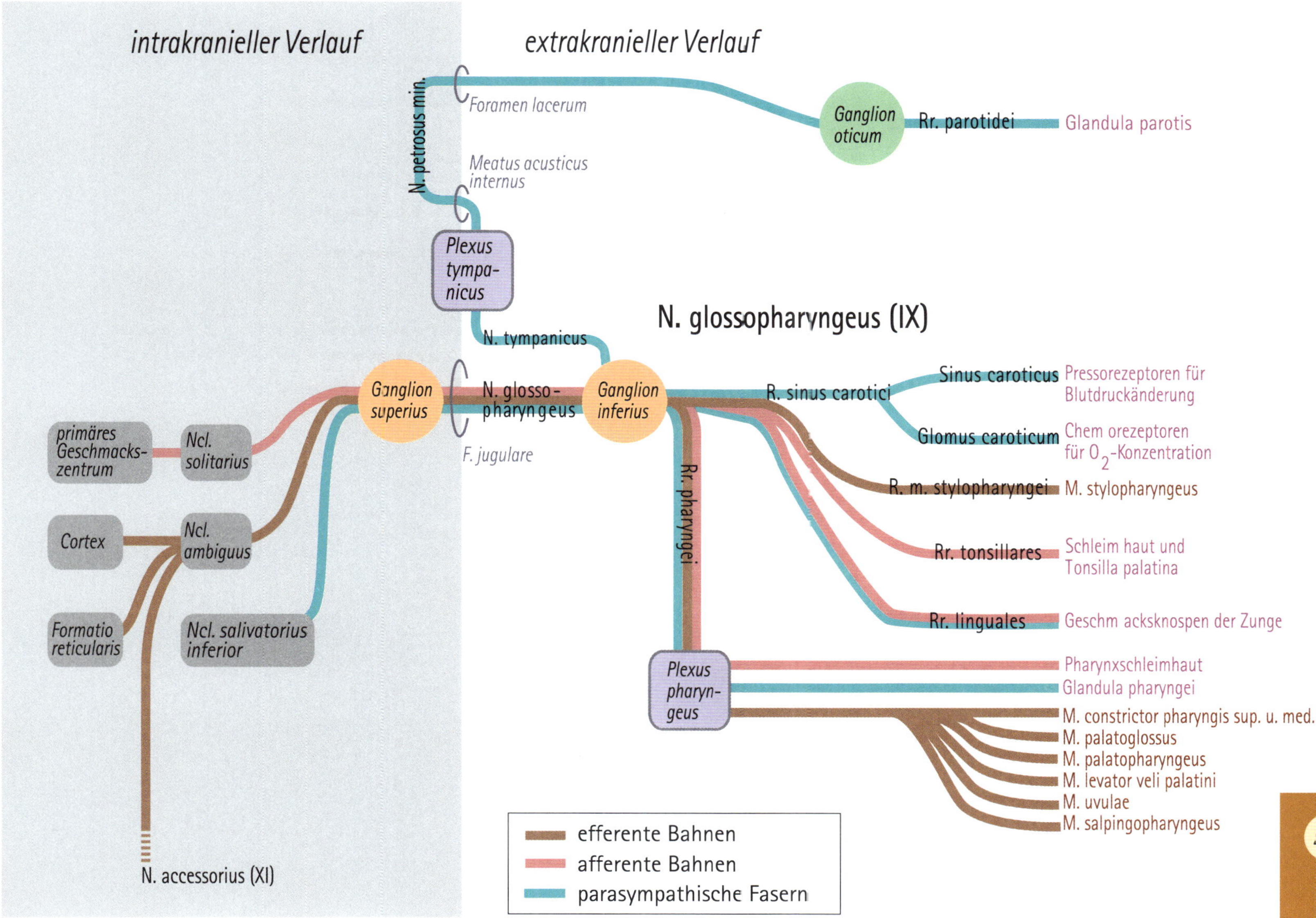

N. glossopharyngeus (HN IX)

Der **N. glossopharyngeus (HN IX)** ist ein gemischter Nerv, der neben sensiblen und motorischen Anteilen auch Geschmacksfasern führt. Er versorgt sensibel das Mittelohr, Teile der Zunge und des Pharynx und motorisch die Muskeln des Pharynx. Die sekretorischen Fasern ziehen als N. petrosus minor zum Ganglion oticum und von dort aus zur Ohrspeicheldrüse. Mit den Geschmacksfasern werden gustatorische Informationen von der Zungenbasis zum Nucleus tractus solitarius geleitet.

Er ist außerdem am afferenten Schenkel des Karotissinusreflexes beteiligt, indem er Impulse der Mechanosensoren des Sinus caroticus und der Chemorezeptoren des Glomus caroticum zur Medulla oblongata und zum Nucleus dorsalis nervi vagi leitet. Vom dorsalen Vaguskern laufen Fasern zum Herzen (efferenter Schenkel des Sinusreflexes), um über eine Änderung der Schlagfrequenz den Blutdruck zu normalisieren.

HN X

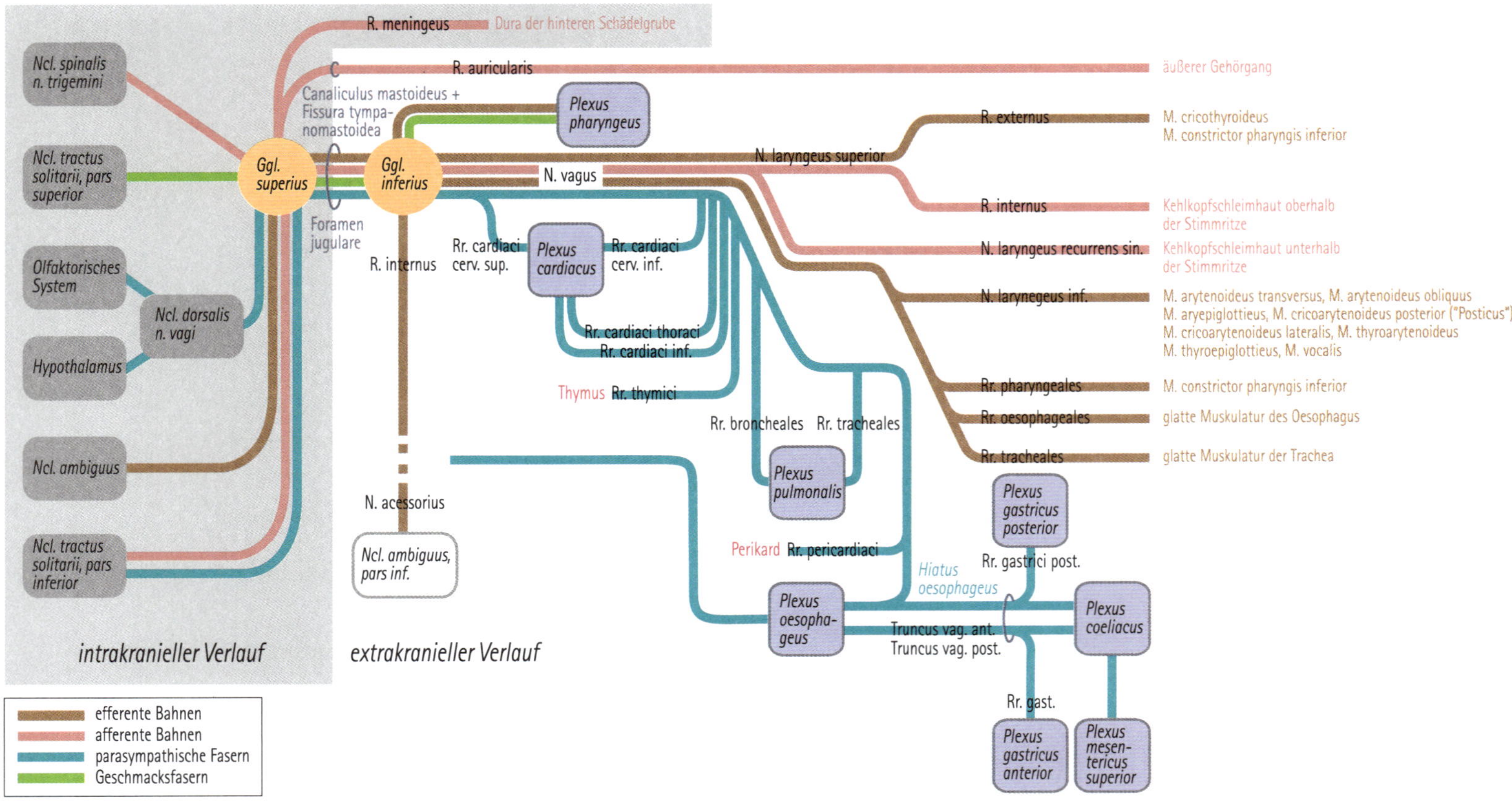

N. vagus (HN X)

Der **N. vagus (HN X)** innerviert alle Kehlkopfmuskeln. Eine einseitige Lähmung des N. vagus (HN X), häufig gekoppelt mit einer gleichseitigen Lähmung des N. glossopharyngeus, kann zu erheblichen Störungen im Ablauf des Schluckvorgangs führen. Sie bleibt aber ohne Auswirkungen an den Eingeweiden. Eine beidseitige Lähmung geht jedoch mit schweren Atem- und Kreislauffehlfunktionen einher.

Wird der N. vagus im Bereich seiner sensiblen Versorgungsgebiete im Kehlkopf bzw. im äußeren Gehörgang gereizt, kann eine Überaktivierung des Nerven zum Kreislaufstillstand führen (vagovasale Synkope).

HN XI und XII

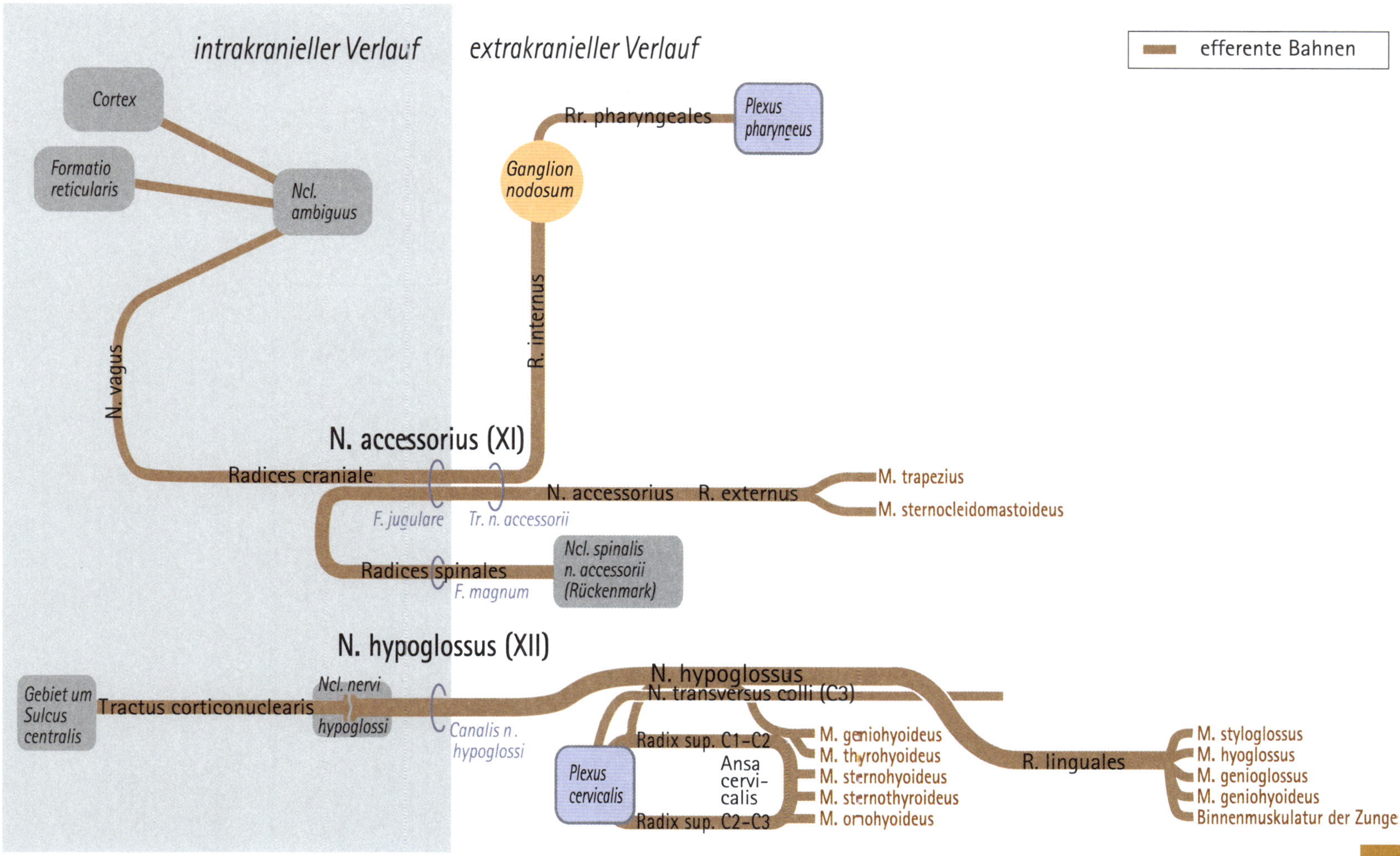

N. accessorius (HN XI)

Der N. accessorius (HN XI) innerviert den M. sternocleidomastoideus und den M. trapezius.

N. hypoglossus (HN XII)

Der N. hypoglossus (HN XII) innerviert alle Zungenmuskeln und den Mundboden.

Funktionen der Hirnnerven

HN I: N. olfactorius → somatoafferent
HN II: N. opticus → somatoafferent
HN III: N. oculomotorius → viszero- und somatoefferent
HN IV: N. trochlearis → somatoefferent
HN V: N. trigeminus → somato- und viszeroafferent, speziell viszeroefferent
HN VI: N. abducens → somatoefferent
HN VII: N. facialis → viszeroafferent und -efferent, speziell viszeroefferent
HN VIII: N. vestibulocochlearis → somatoafferent
HN IX: N. glossopharyngeus → viszeroafferent und -efferent, speziell viszeroefferent
HN X: N. vagus → somatoafferent, viszeroafferent und -efferent, speziell viszeroefferent
HN XI: N. accessorius → speziell viszeroefferent
HN XII: N. hypoglossus → somatoefferent

Spinalnerven – Die einzelnen Tafeln im Überblick

ventral

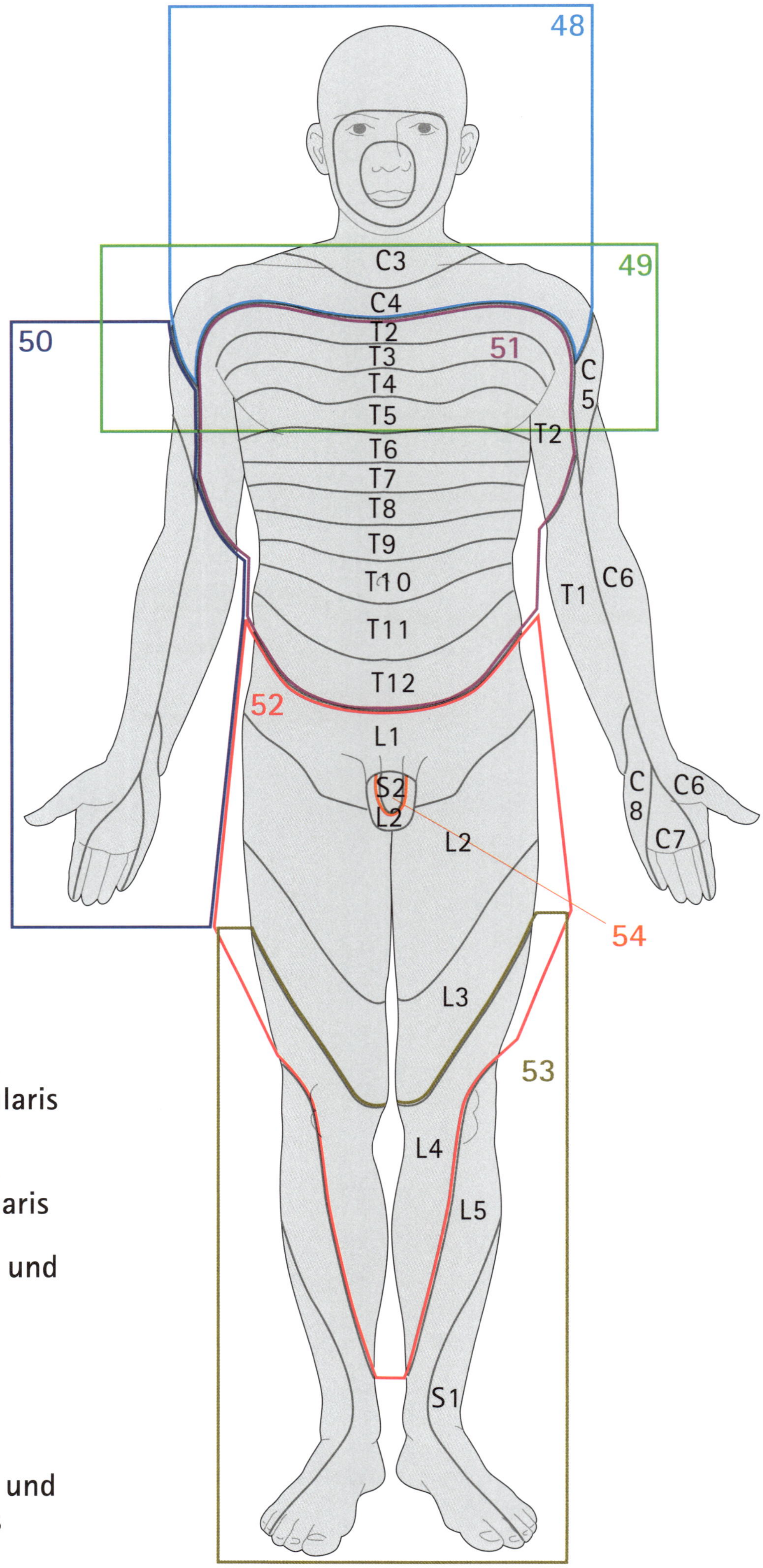

48 Plexus cervicalis

49 Plexus brachialis, Pars supraclavicularis

50 Plexus brachialis, Pars infraclavicularis

51 Nn. intercostales und N. subcostalis

52 Plexus lumbalis

53 Plexus sacralis

54 Plexus pudendus und Plexus coccygeus

Spinalnerven – Die einzelnen Tafeln im Überblick

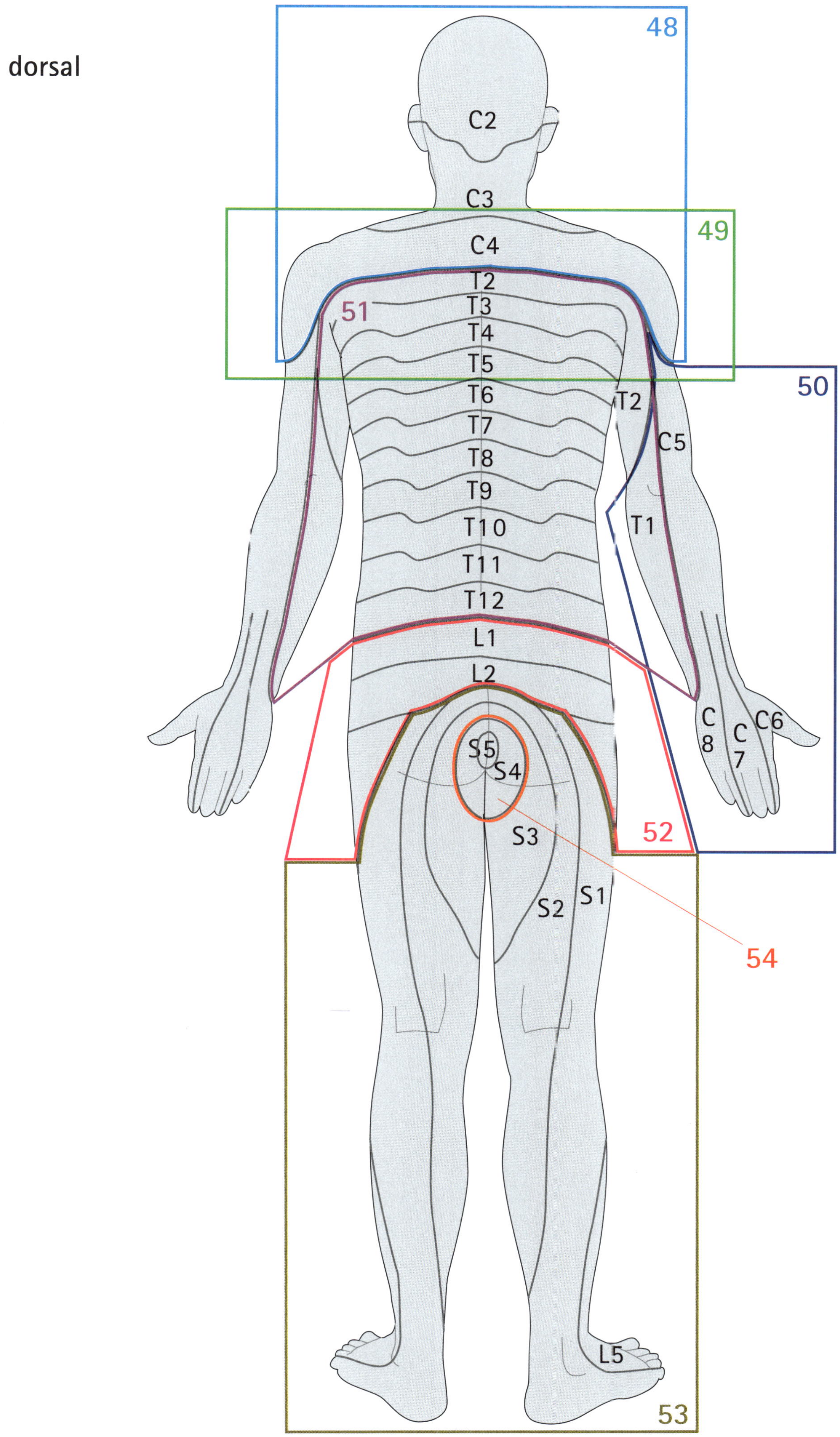

Plexus cervicalis

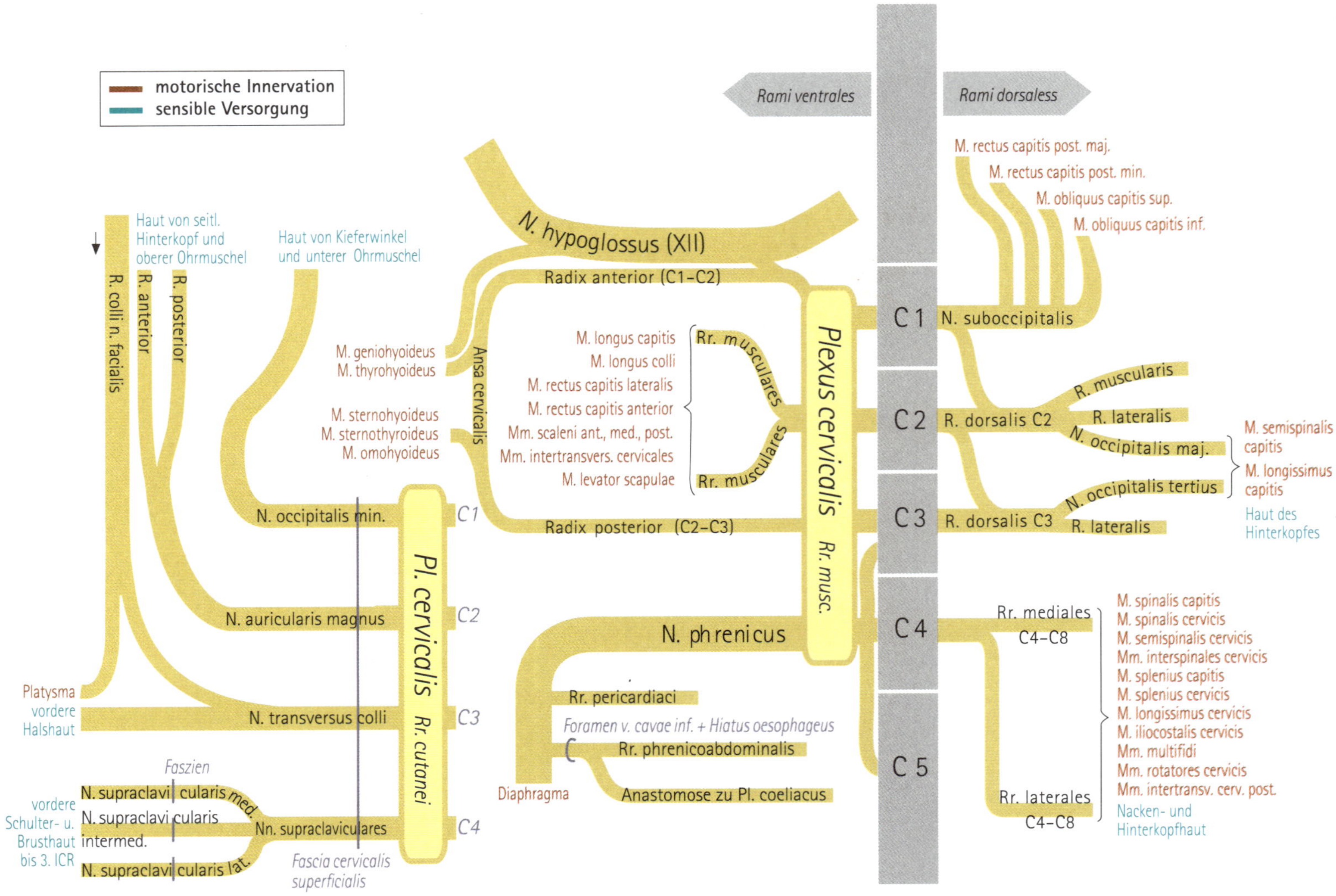

Merkhilfe

Plexus cervicalis

N. **o**ccipitalis minor, N. **au**ricularis magnus, N. **t**ransversus colli, Nn. **sup**raclaviculares, **Ansa** cervicalis, N. **phreni**cus → **O**nkel **Au**gust **t**anzt **sup**er mit **Ansa**gerin **Phreni**.

Plexus brachialis und Pars supraclavicularis

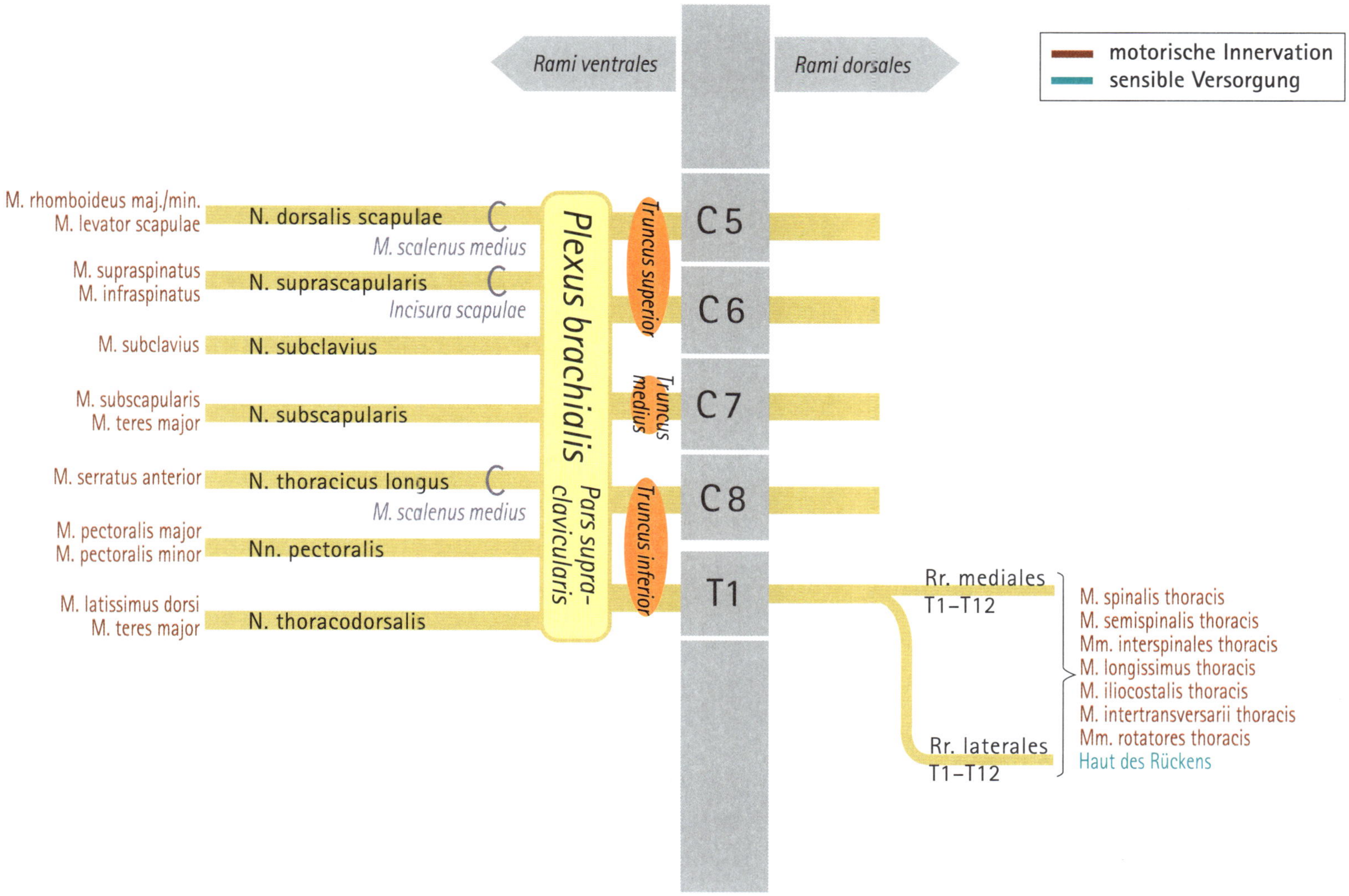

Merkhilfe

Innervation der Schultermuskulatur

Bei einigen Nerven besteht Namensgleichheit zum innervierten Muskel:

N. **subclavius** → M. **subclavius**
N. **pectoralis** → M. **pectoralis** major und minor
N. **subscapularis** → M. **subscapularis**

Bei anderen besteht zumindest Namensähnlichkeit:

N. **supra**scapularis → M. **supra**spinatus
N. thoraco**dorsalis** → M. latissimus **dorsi**

Ausfälle der Nervenäste des Plexus brachialis; Pars supraclavicularis

N. dorsalis scapulae → Skapula lateralisiert und leicht abstehend
N. thoracicus longus → Skapula alata
N. suprascapularis → Außenrotation im Schultergelenk und leichte Abduktionsschwäche

Kennmuskeln

C5 → M. deltoideus, M. biceps brachii, M. supraspinatus, M. infraspinatus
C6 → M. extensor carpi radialis longus et brevis
C7 → M. triceps brachii, M. flexor carpi radialis
C8 → Mm. extensor pollicis longus et brevis, M. flexor carpi ulnaris, M. extensor carpi ulnaris

Plexus brachialis und Pars infraclavicularis

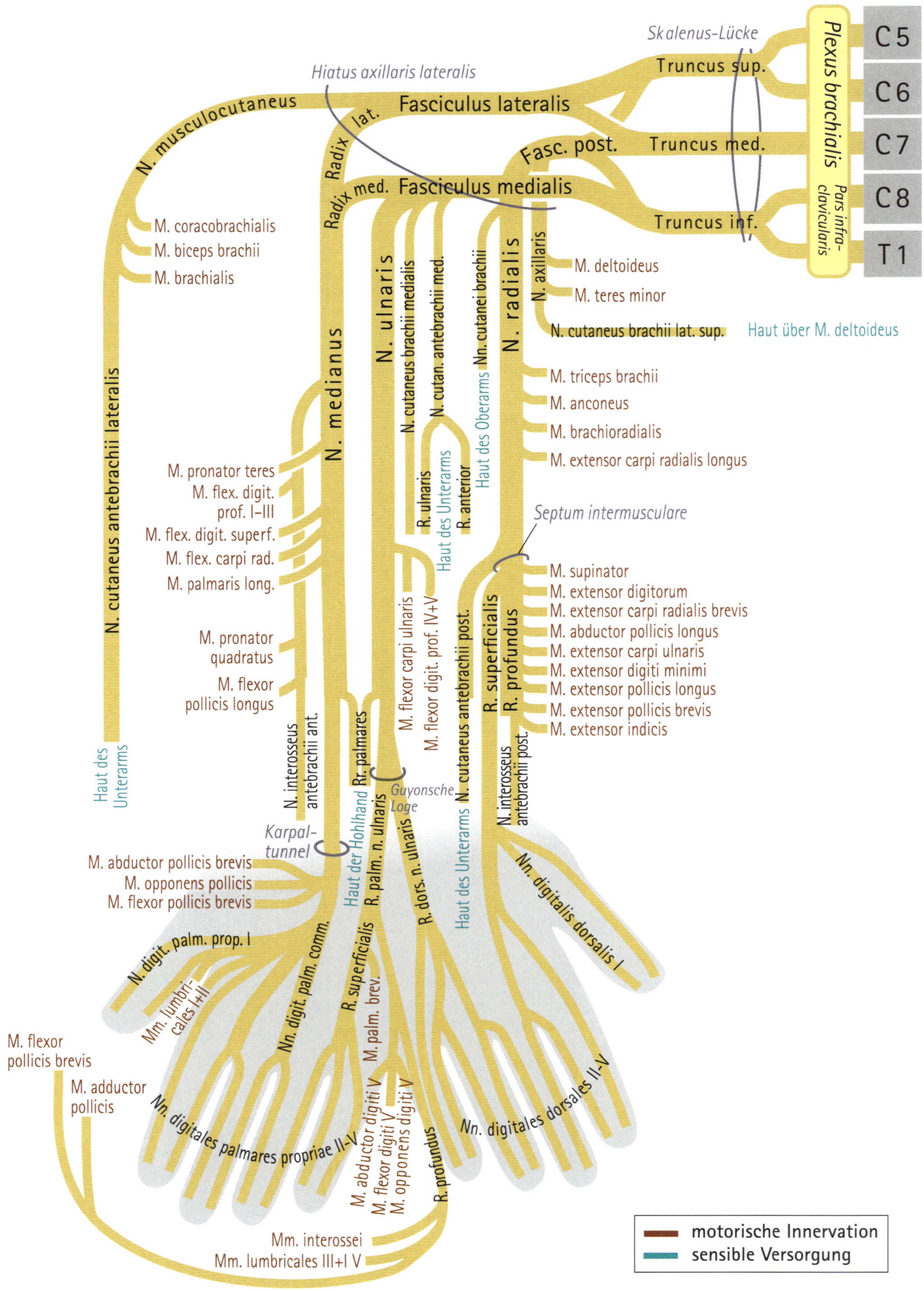

Ausfälle der Nervenäste des Plexus brachialis, Pars supraclavicularis

N.musculocutaneus → schmerzhafte Beugung im Ellbogen bei Supination und Elevation
N.medianus → Schwurhand; Karpaltunnelsyndrom
N.ulnaris → Krallenhand
N.axillaris → Abduktions-, Anteversions- und Retroversionsschwäche; sensibler Ausfall über dem Schultergelenk
N.radialis → Fallhand

Nn. intercostales und N. subcostalis

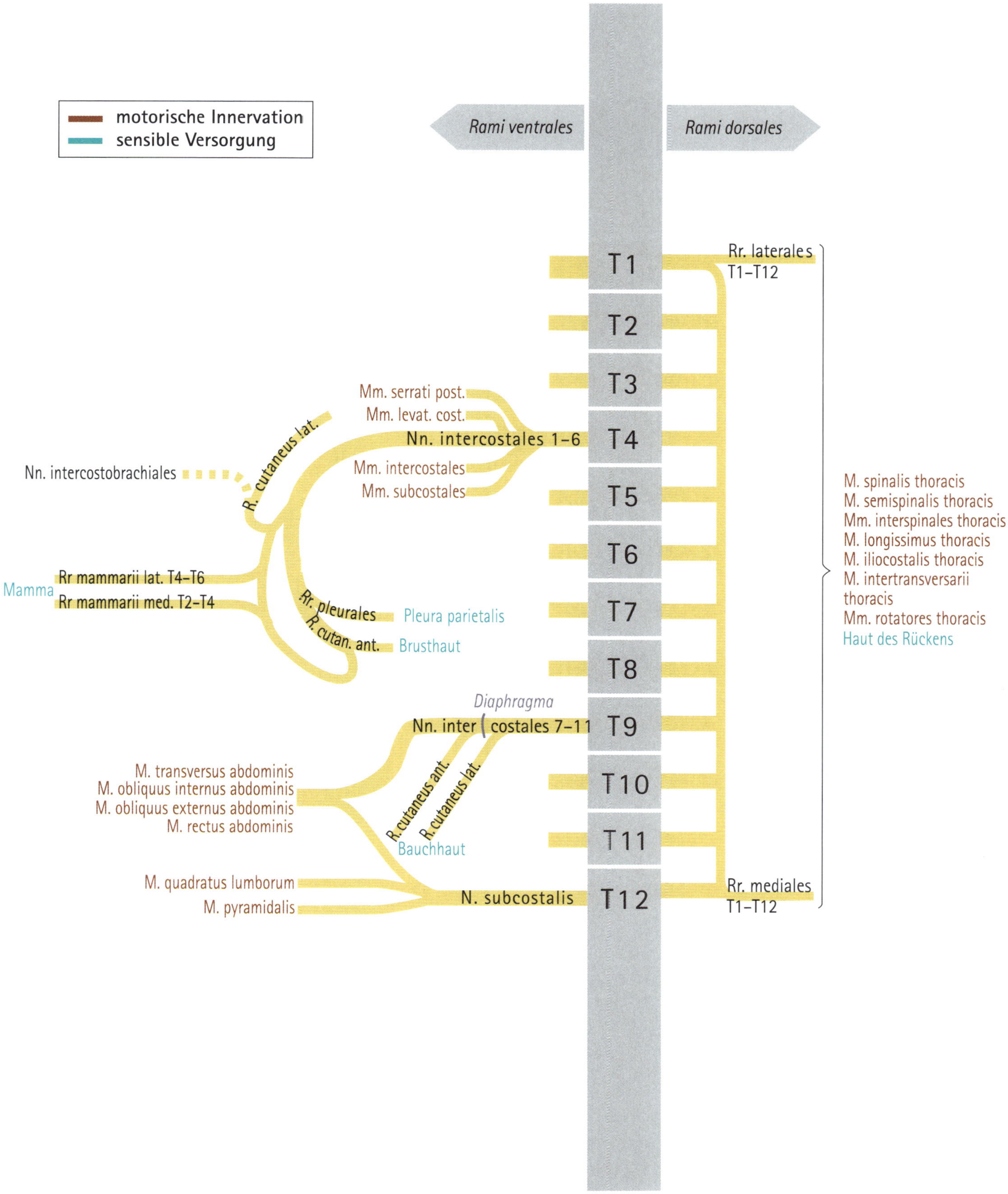

Rr. ventrales der thorakalen Segmente

Sie versorgen alle Muskeln der Thoraxwand, die spinokostale Gruppe der eingewanderten Rückenmuskeln und den überwiegenden Teil der vorderen und seitlichen Bauchwand.

Plexus lumbalis

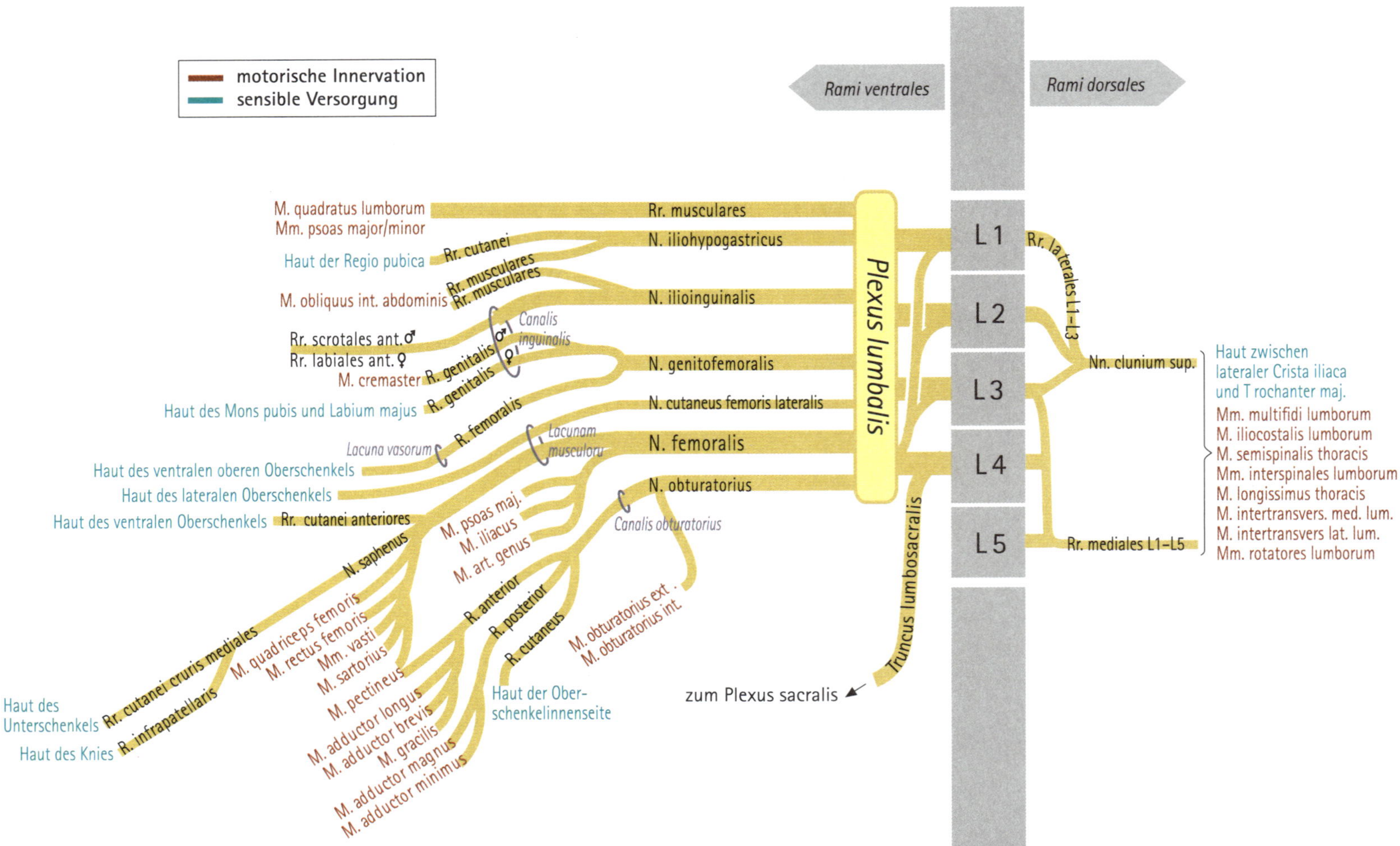

Kennmuskeln

T1–T11 → Mm. intercostales externus et internus
L3 → M. iliopsoas, M. quadriceps femoris
L4 → M. tibialis anterior
L5 → M. extensor hallucis longus, M. gluteus medius

Merkhilfe

Plexus lumbalis

N. **i**liohypogastricus, N. **i**lioinguinalis,		**I**n **I**ndien
N. **g**enitofemoralis, N. **c**utaneus femoris lateralis,	→	**g**ibt's **k**ein
N. **f**emoralis, N. **o**bturatorius		**f**risches **O**bst.

Plexus sacralis

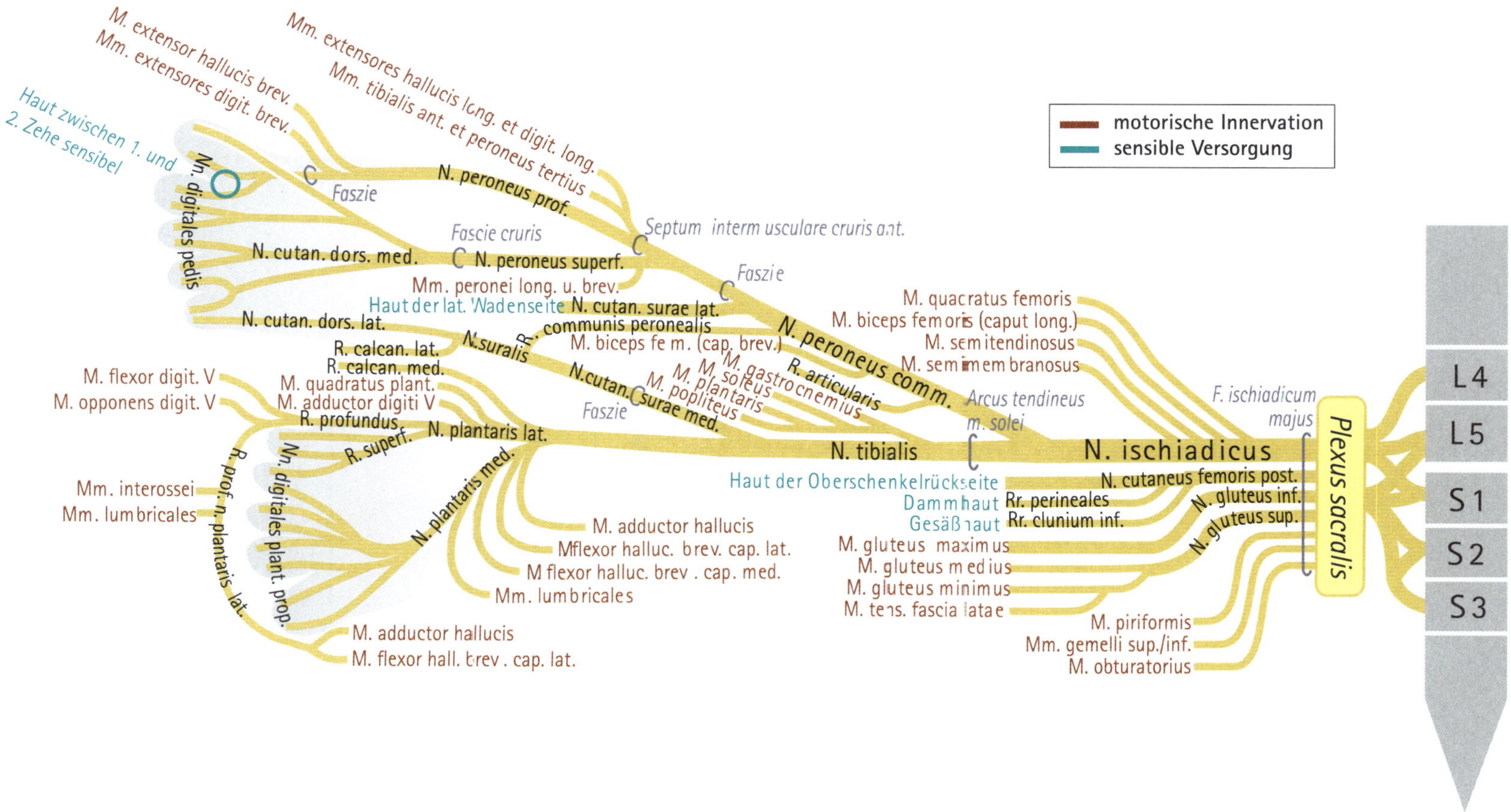

Kennmuskeln

S1, S2 → M. biceps fem., M. gastrocnemius, M. gluteus max., Mm. peroneus brevis et longus (nur S1), M. semimembranosus, M. semitendinosus

Plexus pudendus und Plexus coccygeus

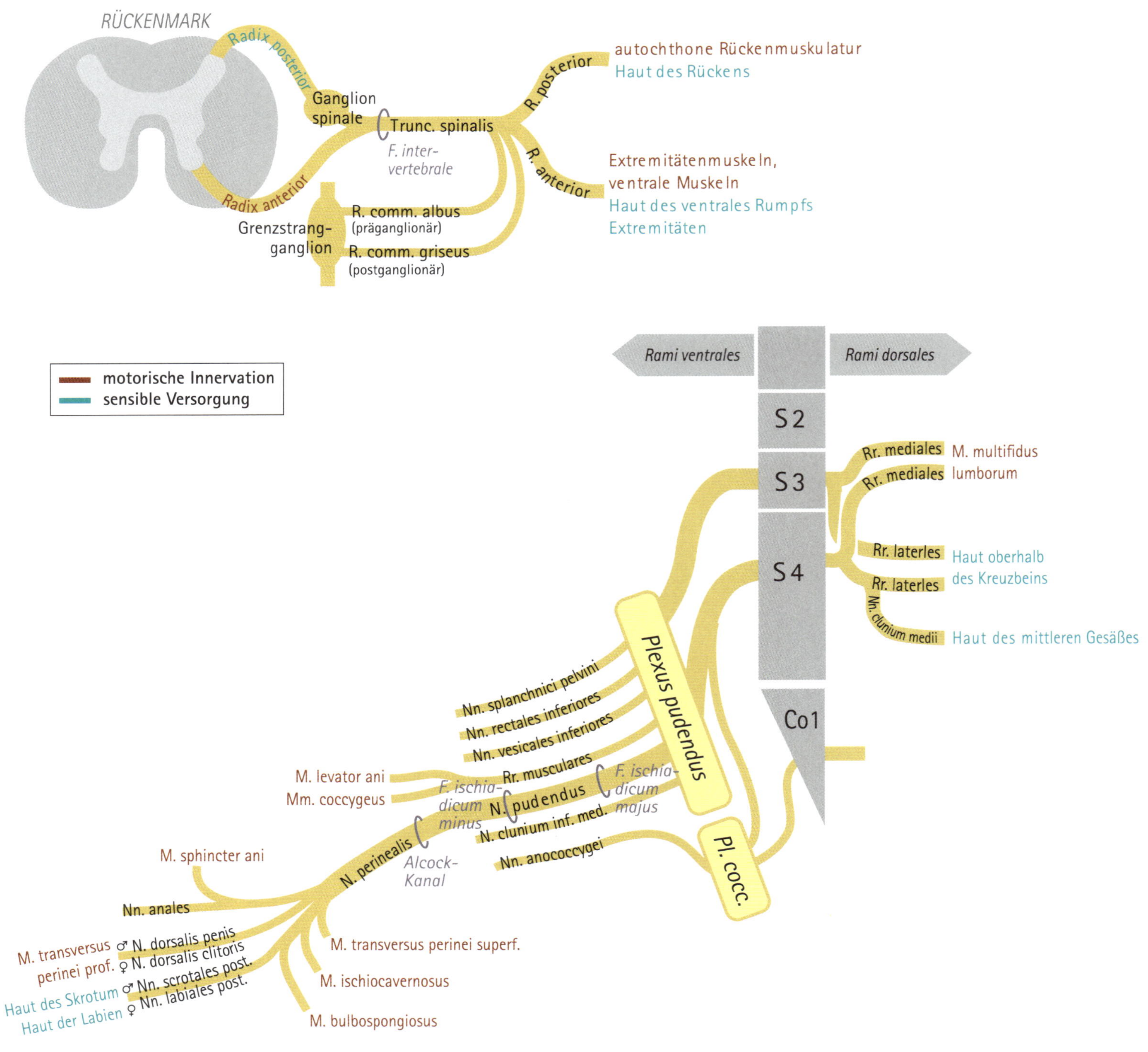

N. pudendus

Der N. pudendus innerviert alle Muskeln des Perineum, den äußeren Analschließmuskel und die Haut von Penis und Klitoris.

Der Plexus sacralis (L5–S5) lässt sich formal in Plexus pudendus (S2–S4) und Plexus coccygeus (S4–Co) unterteilen.

Meine Notizen zum Nervensystem

Vegetatives Nervensystem – Im Überblick

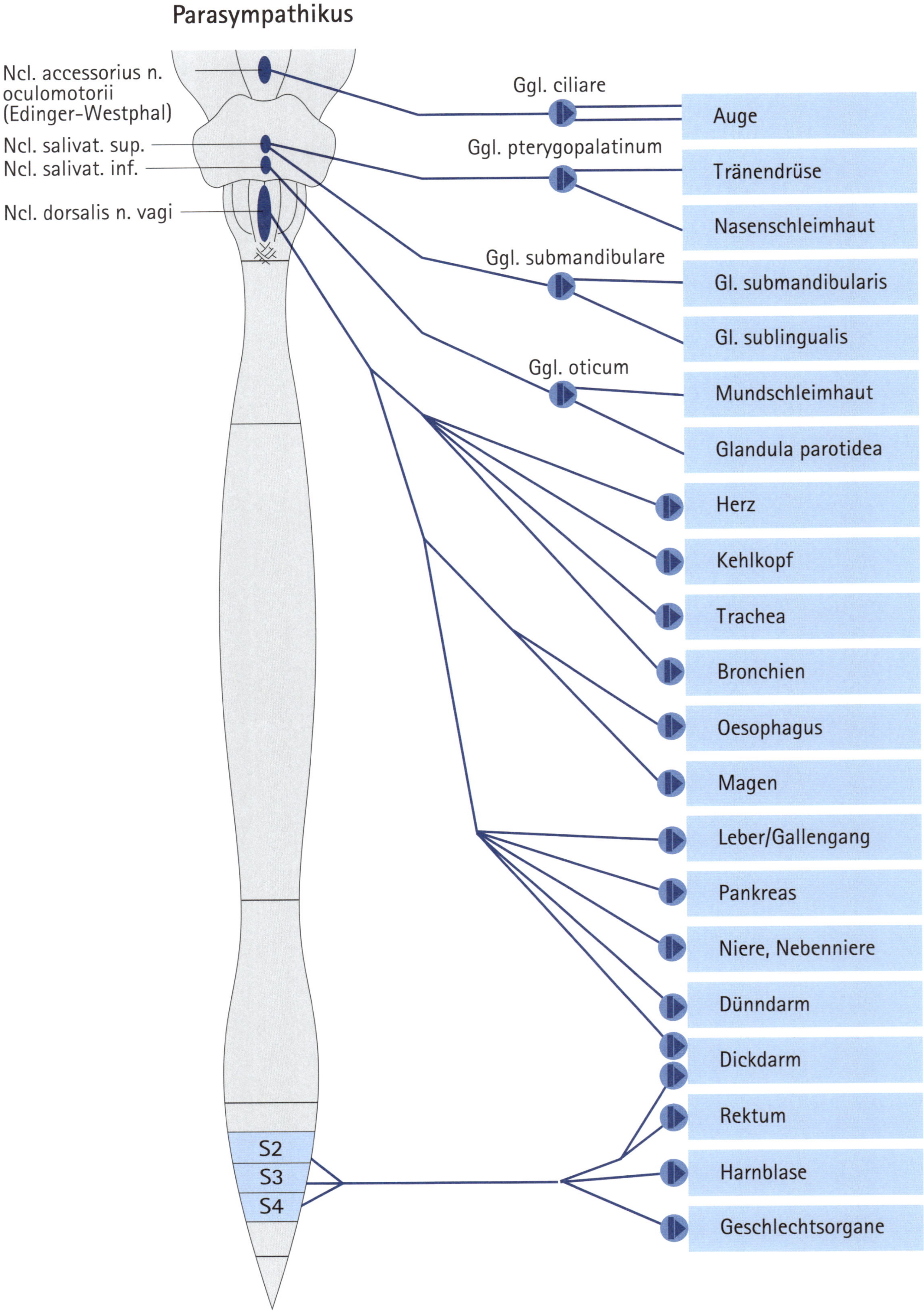

Sympathikus der Eingeweide

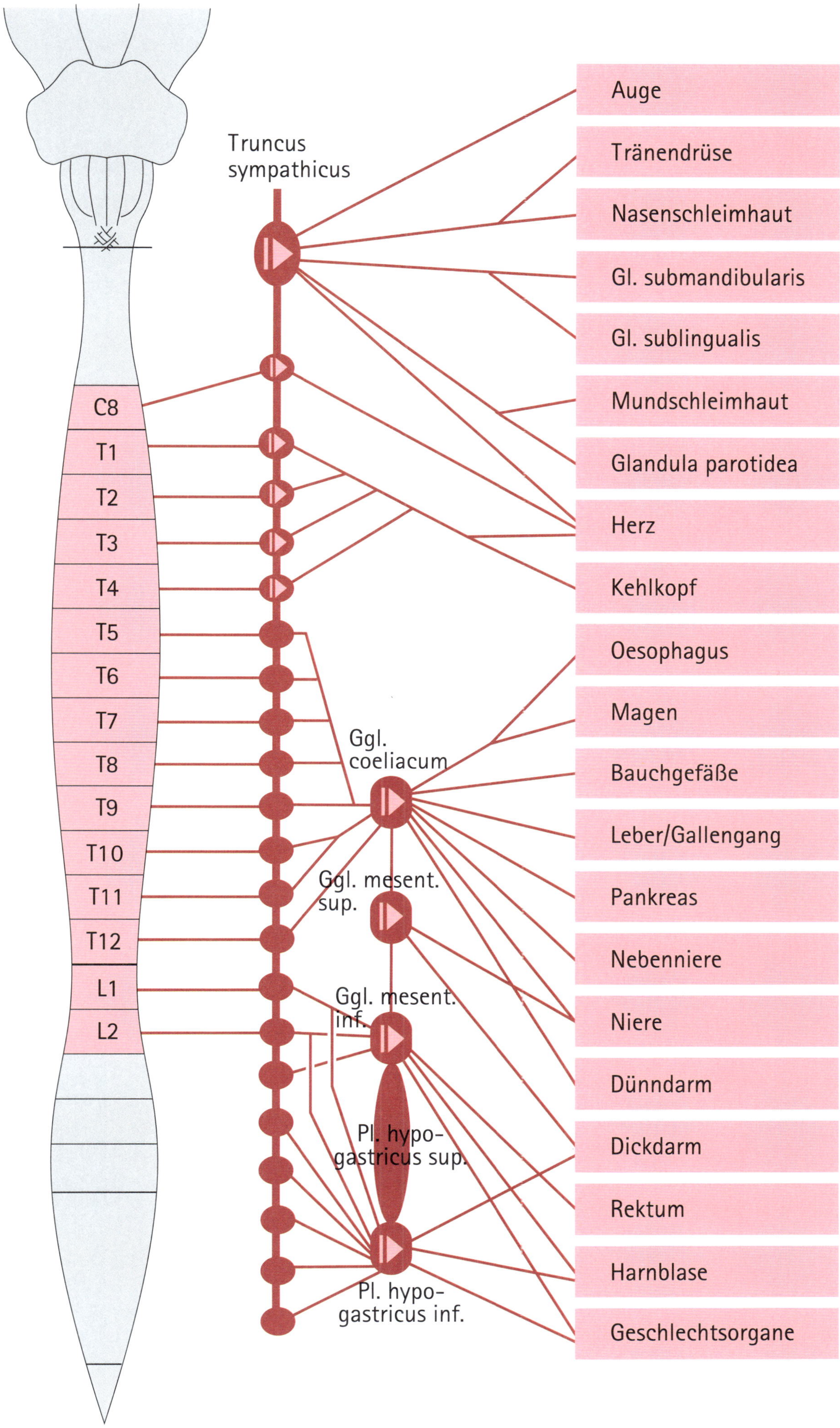

Auge und Speicheldrüsen

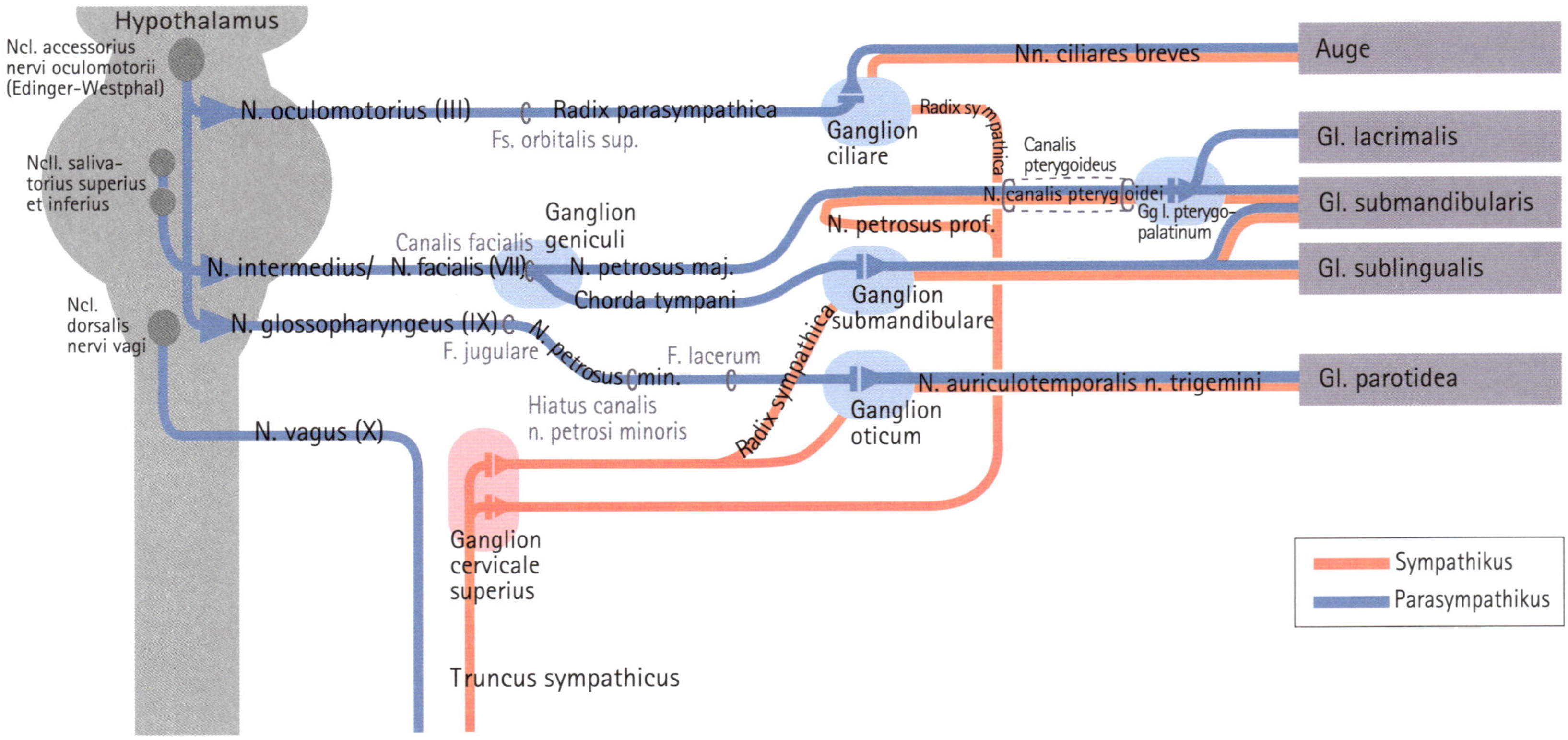

Vegetative Innervation von Augenmuskeln, Tränen-, Nasen- und Speicheldrüsen

Die Umschaltung der präganglionären parasympathischen Fasern für die inneren Augenmuskeln, Tränen-, Nasen- und Speicheldrüsen erfolgt in den vier parasympathischen Ganglien des Kopfes. Jedes Ganglion hat neben dem parasympathischen (Radix parasympathica) auch einen sympathischen (Radix sympathica) und einen sensiblen Anteil (Radix sensoria). Die Umschaltung der postganglionären sympathischen Fasern erfolgt jedoch in den paravertebralen Ganglien des Truncus sympathicus.

Die parasympathischen Fasern zur Innervation des M. sphincter pupillae und des M. ciliaris entstammen dem Nucleus accessorius nervi oculomotorii (Edinger-Westphal), verlaufen mit dem N. oculomotorius und werden im Ganglion ciliare umgeschaltet. Der M. dilatator pupillae wird vom Sympathikus innerviert (weite Pupillen → sympathisch).

Die sekretorischen parasympathischen Fasern zur Innervation von Gaumen-, Nasen- und Tränendrüsen ziehen mit der sympathischen Wurzel (N. petrosus profundus aus dem Plexus caroticus internus) als N. canalis pterygoidei durch den gleichnamigen Kanal zum Ganglion pterygopalatinum. Im Ganglion findet die Umschaltung statt, die Fasern der Radix parasympathica stammen aus dem Nucleus salivatorius superior.

Die parasympathischen Fasern für Submandibular- und Sublingualdrüse sowie für Drüsen der vorderen Zungenbereiche kommen aus dem Nucleus salivatorius superior und werden im Ganglion submandibulare umgeschaltet. Die Radix sympathica entstammt dem Plexus caroticus externus.

Die Glandula parotidea wird durch parasympathische Fasern versorgt, die aus dem Nucleus salivatorius inferior stammen und im Ganglion oticum umgeschaltet werden. Sie verlaufen zunächst im N. tympanicus (Jacobson-Anastomose) und dann als N. petrosus minor zum Ganglion.

Herz und Lunge

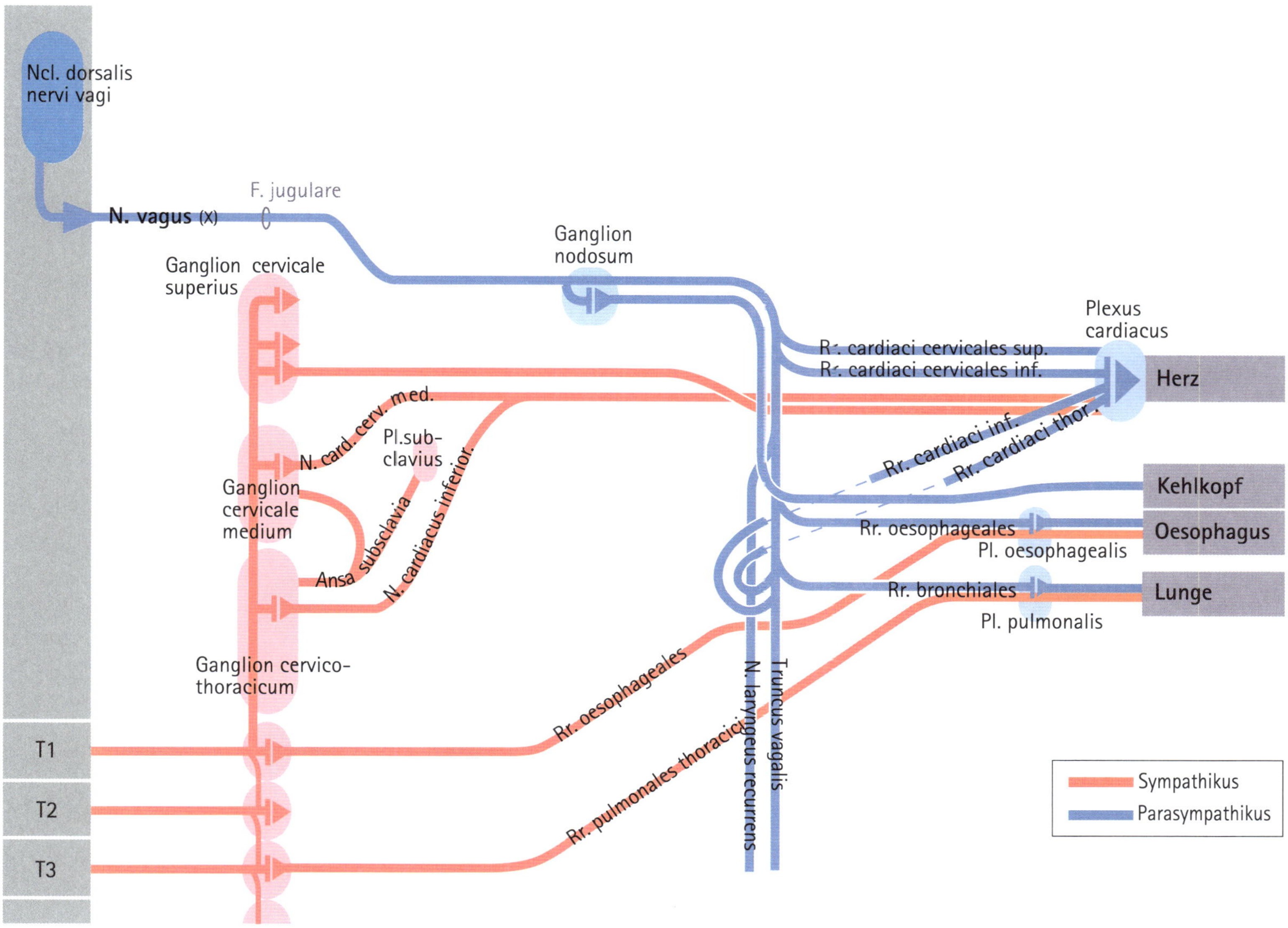

Vegetative Innervation von Herz und Atmungsorganen

Das vegetative Nervengeflecht des Herzens – Plexus cardiacus – liegt außerhalb des Perikards und enthält sympathische Fasern in Form der Nn. cardiaci und parasympathische Rr. cardiaci, welche aus dem N. vagus direkt oder aus seinen Ästen (N. laryngeus recurrens) stammen.

Die sympathischen Fasern des Plexus pulmonalis entstammen dem oberen Thorakalmark (T1–T5), die parasympathischen Fasern den Neuronen des Nucleus dorsalis nervi vagi. Auch Afferenzen der Dehnungsrezeptoren der Lunge sind Teil des N. vagus und laufen zum Atemzentrum der Medulla oblongata. Sie begrenzen die Atemtiefe.

Viele Afferenzen aus den Eingeweiden enden im Nucleus tractus solitarius. Die afferenten Fasern aus dem Bereich der A. carotis verlaufen im N. glossopharyngeus und die aus dem Aortenbereich im N. vagus zu den vegetativen Zentren des Hirnstamms (Feedback). Durch efferente Fasern erfolgt die Anpassung der Körperfunktionen an die jeweilige Situation. So steigert z. B. der Sympathikus die Schlagkraft und -frequenz des Herzens, der Parasympathikus verlangsamt den Herzschlag.

Vor allem Aorta und A. carotis besitzen Barorezeptoren, die durch Druck des Blutes auf die Gefäßwände erzeugte mechanische Veränderungen registrieren. Weiterhin enthalten beide Gefäße Chemosensoren zur Registrierung der Blutgaswerte in Form von Glomus caroticum und Glomus aorticum.

Oberer Verdauungstrakt

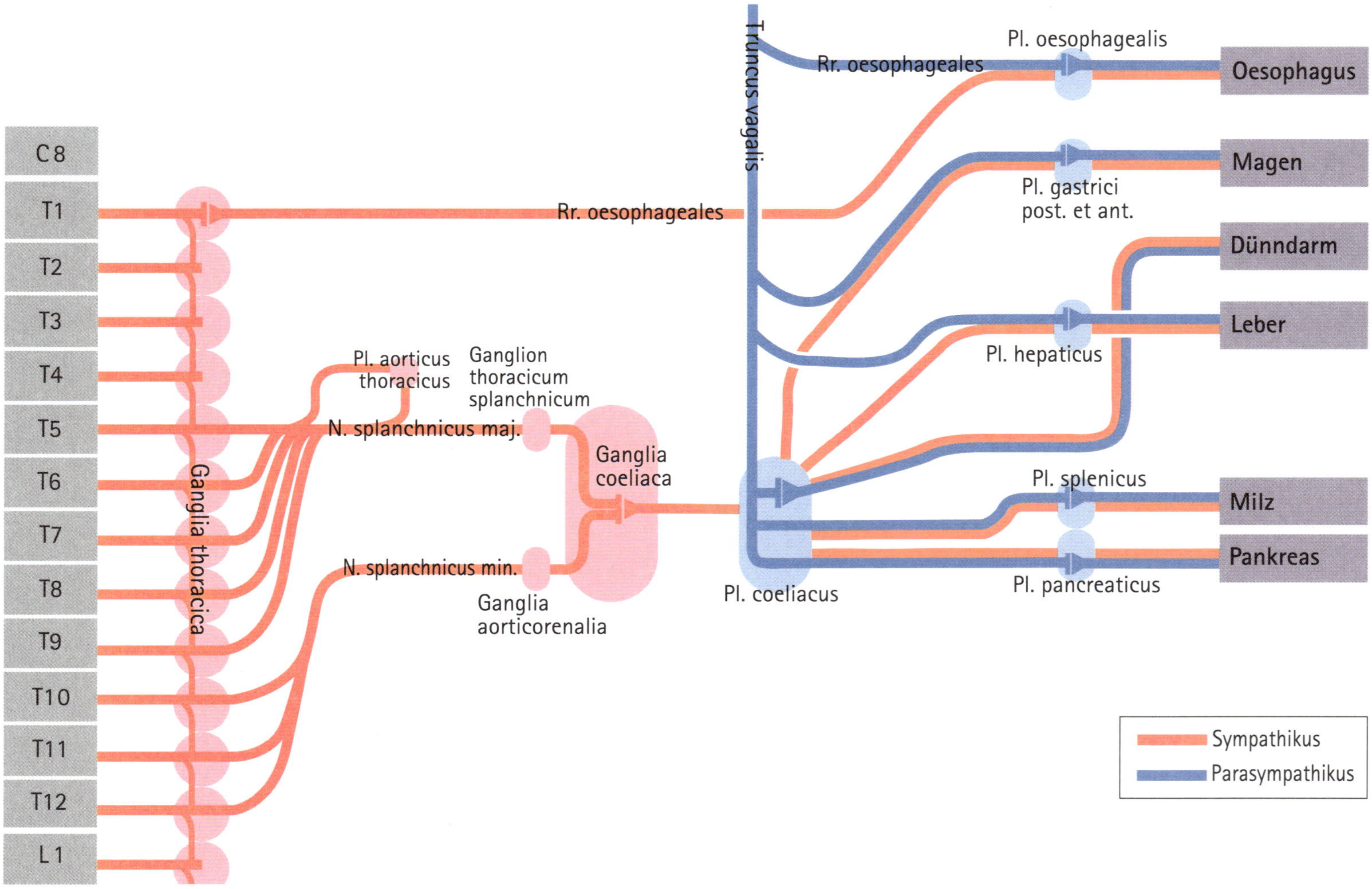

Vegetative Innervation des oberen Verdauungstraktes

Der Oesophagus wird sympathisch durch die Rr. oesophageales aus dem Ganglion stellatum bzw. aus dem Plexus aorticus thoracicus und parasympathisch durch die Rr. oesophageales aus dem N. laryngeus recurrens innerviert.

Der Plexus coeliacus ist ein großes vegetatives Nervengeflecht im Bereich des Truncus coeliacus. Er erhält sympathische Fasern aus dem Thorakalmark (über die Nn. splanchnici) und parasympathische Fasern aus dem dorsalen Stamm des N. vagus. So werden Dünndarm, Leber, Milz und Pankreas mit vegetativen Fasern aus dem Plexus coeliacus versorgt. Teilweise bilden sich eigene kleine Nervengeflechte um die Organe (z. B. Plexus pancreaticus).

Die sympathischen Fasern, welche den Magen innervieren, hemmen dessen Motilität. Die Rr. gastrici des N. vagus bilden Geflechte vor und hinter dem Magen (Plexus gastricus anterior et posterior) und fördern Motilität und Sekretion des Magens.

Das in allen Abschnitten des gastro-intestinalen Traktes enthaltene enterische Nervensystem besteht u. a. aus Plexus myentericus (Auerbach) und Plexus submucosus (Meissner). Das enterische Nervensystem arbeitet prinzipiell unabhängig vom vegetativen Nervensystem, kann aber von diesem beeinflusst werden.

Urogenitaltrakt

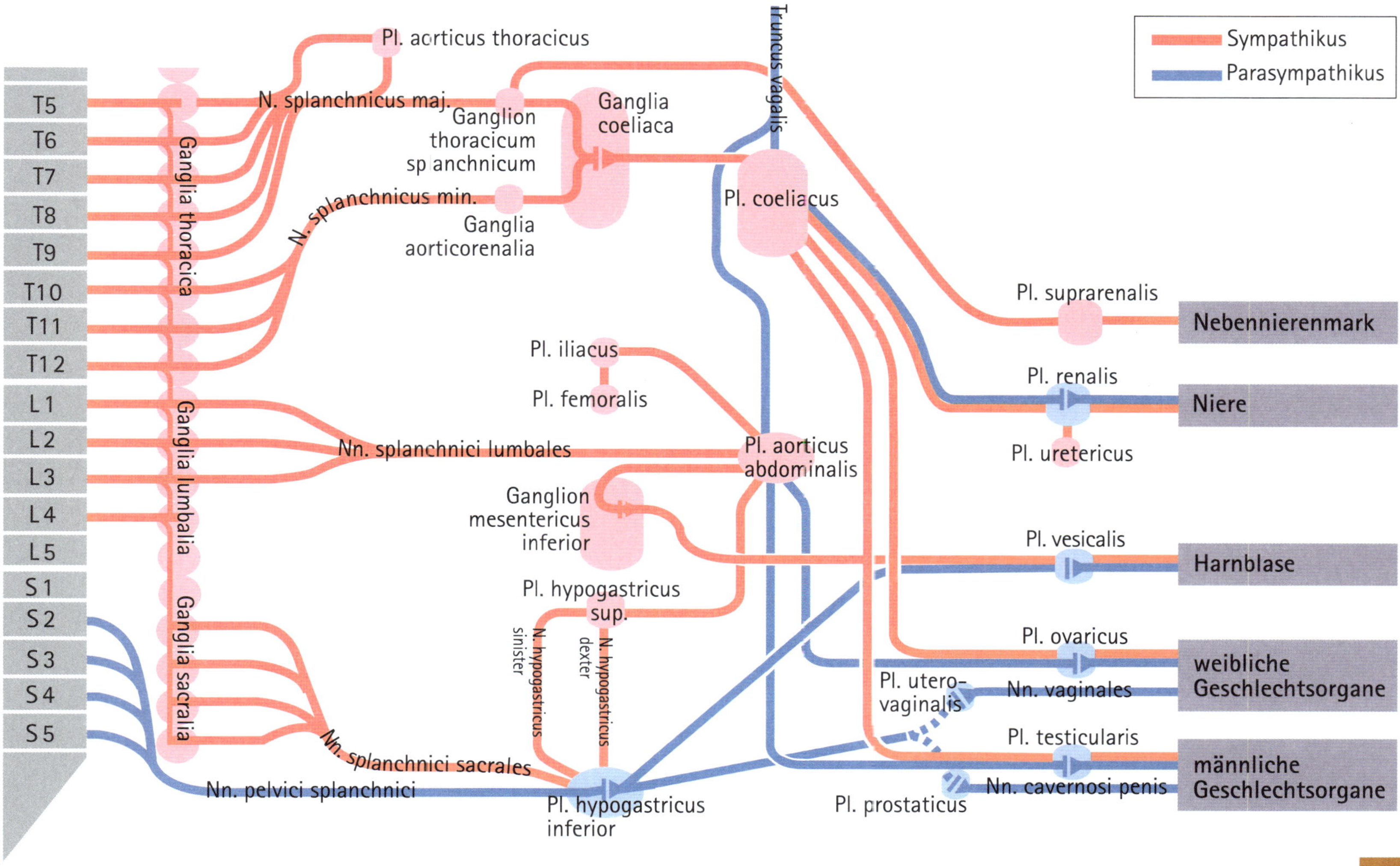

Vegetative Innervation des Urogenitaltraktes

Die sympathischen Fasern für die Niere stammen aus den Ganglia coeliaca und bilden den Plexus renalis, der die Nierengefäße sowie den juxtaglomerulären Apparat innerviert.

Das Nebennierenmark entsteht aus Neuralleistenzellen (Sympathikoblasten) und kann als Paraganglion des vegetativen Nervensystems aufgefasst werden. Die A- und N-Zellen des Nebennierenmarks produzieren die Katecholamine Adrenalin und Noradrenalin.

Die vegetativen Nervenfasern zur Innervation der Blase kommen aus dem Plexus hypogastricus inferior bzw. aus dem Plexus vesicalis. Die Entleerung der Blase wird durch Sympathikus und Parasympathikus gesteuert, unterliegt aber natürlich auch der Willkür: Parasympathische Fasern aus S2–S5 bewirken die Kontraktion des M. detrusor, der Sympathikus erregt die Muskulatur des Trigonum vesicae. Die Miktion ist ein unabhängiger Reflex, unterliegt aber der zentralen Kontrolle durch das pontine Blasenzentrum.

Die Ovarien werden neben dem Plexus ovaricus aus mehreren Nervengeflechten mit vegetativen Fasern versorgt (Plexus mesentericus superior, Plexus renalis, Plexus rectalis). Der Uterus wird durch sympathische Fasern aus dem Ganglion mesentericus inferius und durch parasympathische Anteile aus S3 und S4 innerviert. Die Vagina wird durch vegetative Nerven aus dem Plexus uterovaginalis versorgt.

Die Hoden werden durch Fasern aus dem Plexus testicularis, die Prostata aus dem Plexus prostaticus innerviert. Der Penis wird neben den parasympathischen Nn. splanchnici auch von sympathischen Fasern aus den Beckengeflechten erreicht.

Beim Mann wird die Erektion parasysmpathisch über die Nn. splanchnici pelvici (Nn. erigentes) gesteuert, die Ejakulation wird durch den Sympathikus ausgelöst.

Kolon und Rektum

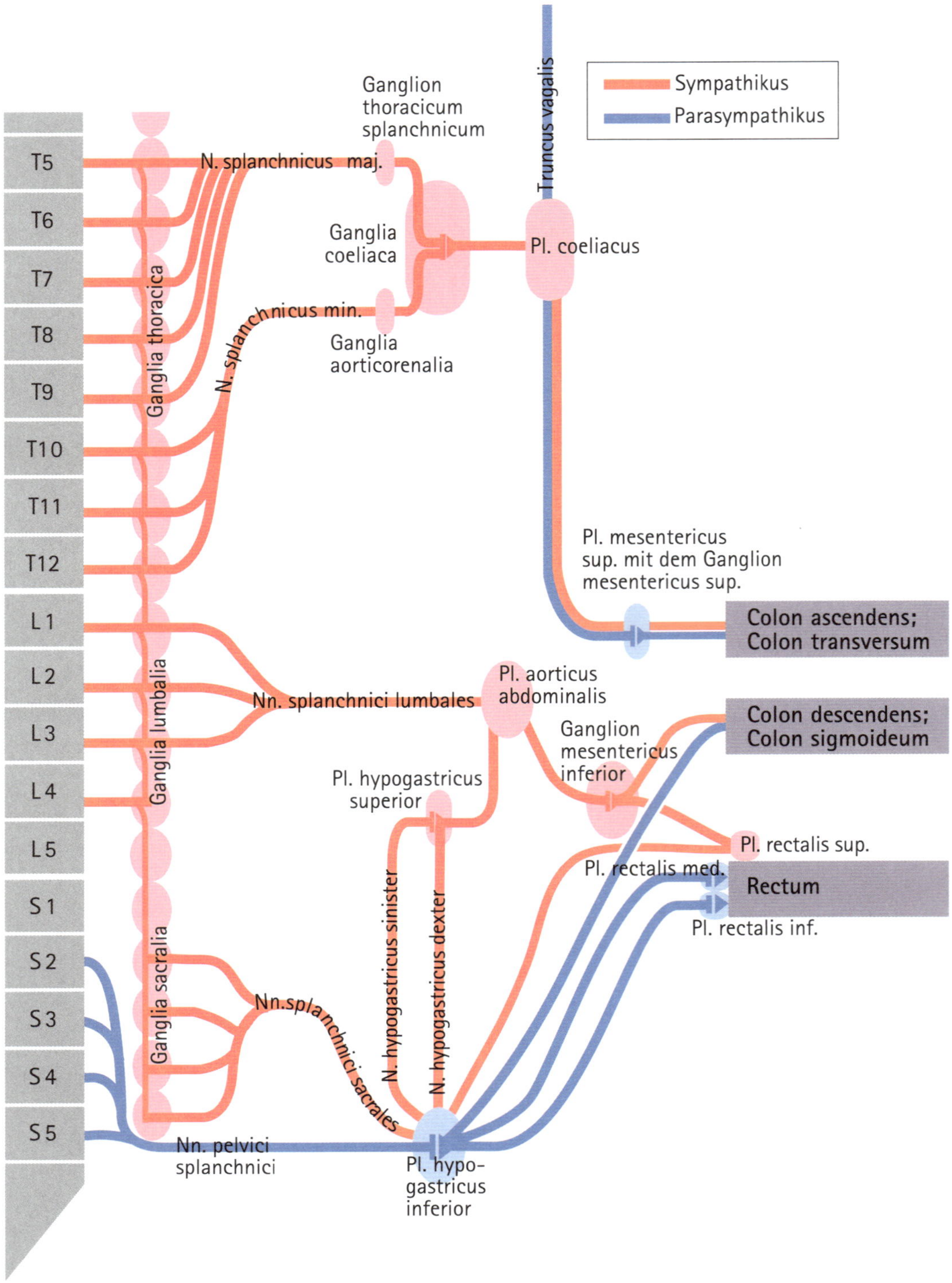

Vegetative Innervation von Kolon und Rektum

Die vegetativen Fasern zur Innervation des Dickdarms stammen aus dem Plexus mesentericus superior, welcher sympathische Anteile über die Nn. splanchnici und parasympathische Anteile über den N. vagus erhält.

Die vagale Innervation des Darms erfolgt etwa bis zur Mitte des Colon transversum (Cannon-Böhm-Punkt). Die folgenden Darmabschnitte werden aus dem sakralen Anteil des Parasympathikus innerviert.

Der Plexus hypogastricus inferior erhält sympathische Fasern über die Nn. hypogastrici aus dem Plexus hypogastricus superior.

Die parasympathischen Fasern für das Rektum stammen aus den sakralen Rückenmarkssegmenten und werden in den intramuralen Ganglien umgeschaltet. Sympathische Fasern gelangen aus dem Plexus hypogastricus inferior zum Rektum. Auch Colon descendens und Colon sigmoideum werden parasympathisch aus dem Plexus hypogastricus inferior versorgt.

Dehnungssensoren im oberen Rektum veranlassen bei entsprechender Füllung des Enddarms die Defäkation. Im Zusammenspiel der vegetativen Systeme erschlafft der innere Analsphinkter (der M. sphincter ani externus unterliegt der willkürlichen Kontrolle), und es kommt zur Stuhlentleerung.

Bleibt bei inkompletten Läsionen des Rückenmarks die absteigende motorische Kontrolle von Rektum bzw. Blase erhalten, laufen Defäkation bzw. Miktion auch weiterhin als autonome Reflexe ab. Bei kompletter Querschnittslähmung sind alle zentral gesteuerten Funktionen des Rückenmarks unterhalb der Läsion aufgehoben.

Meine Notizen zum Nervensystem

Sensibles Nervensystem – Im Überblick

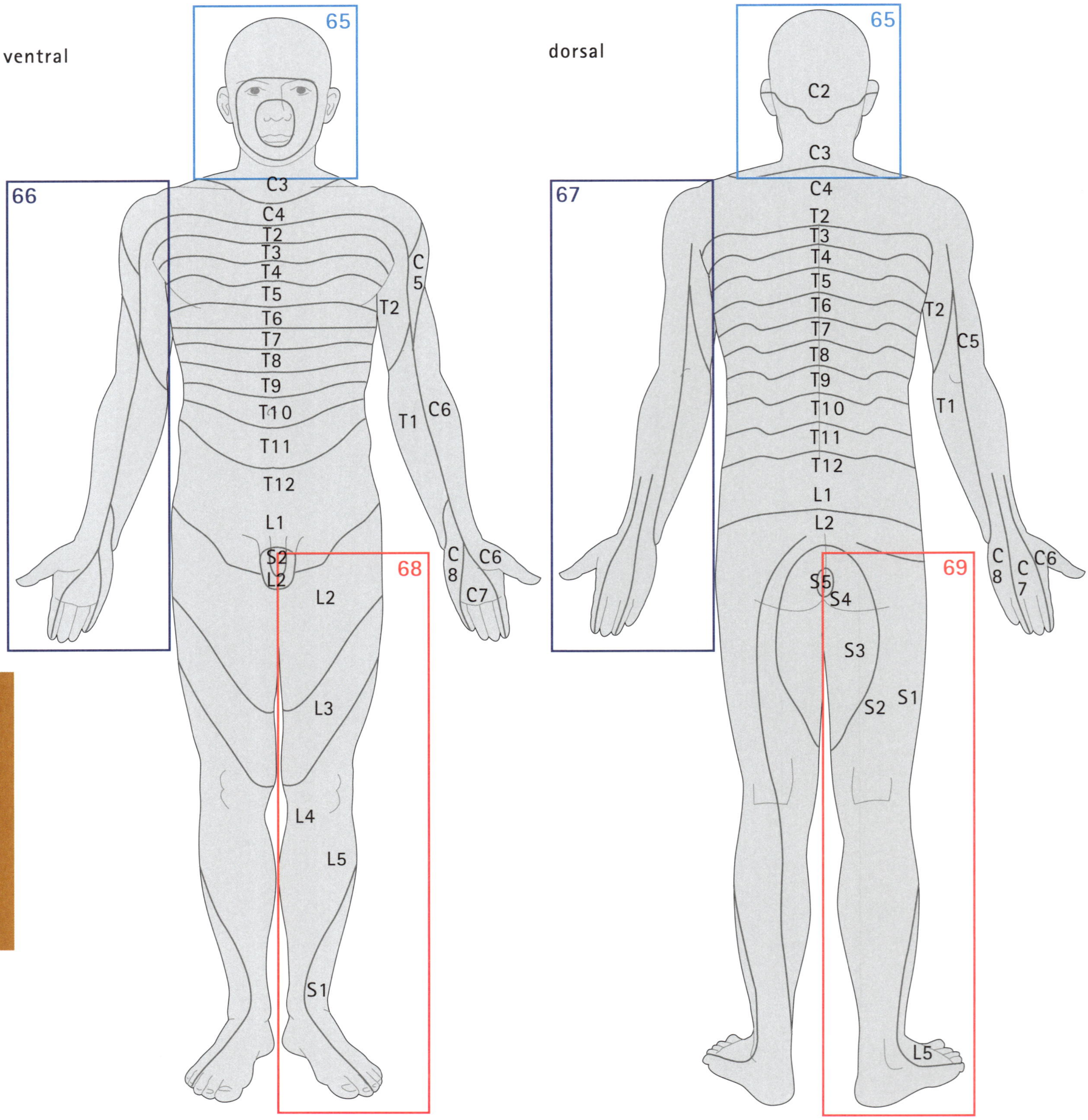

65 Kopf, Hals und Nacken

66 Obere Extremität

68 Untere Extremität

Kopf, Hals und Nacken

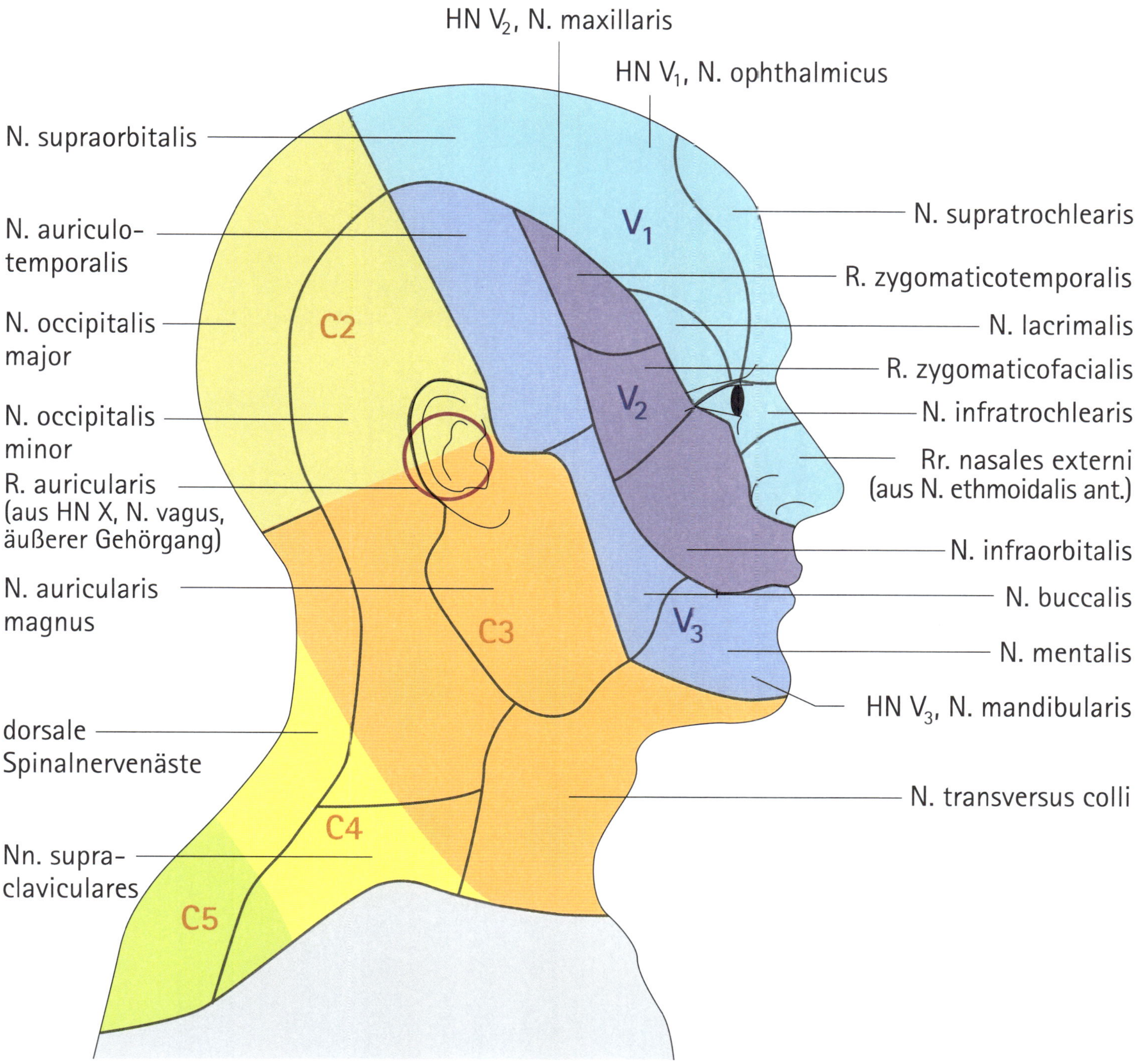

Einteilung sensibler Qualitäten nach Head

Epikritische Sensibilität → Wahrnehmung von Berührungs- und Temperaturreizen, Fähigkeit zur Lokalisation und Diskriminierung von Reizen

Protopathische Sensibilität → Schmerz-und Temperaturwahrnehmung

Propriozeptive Sensibilität → Tiefensensibilität

Obere Extremität – Ventral

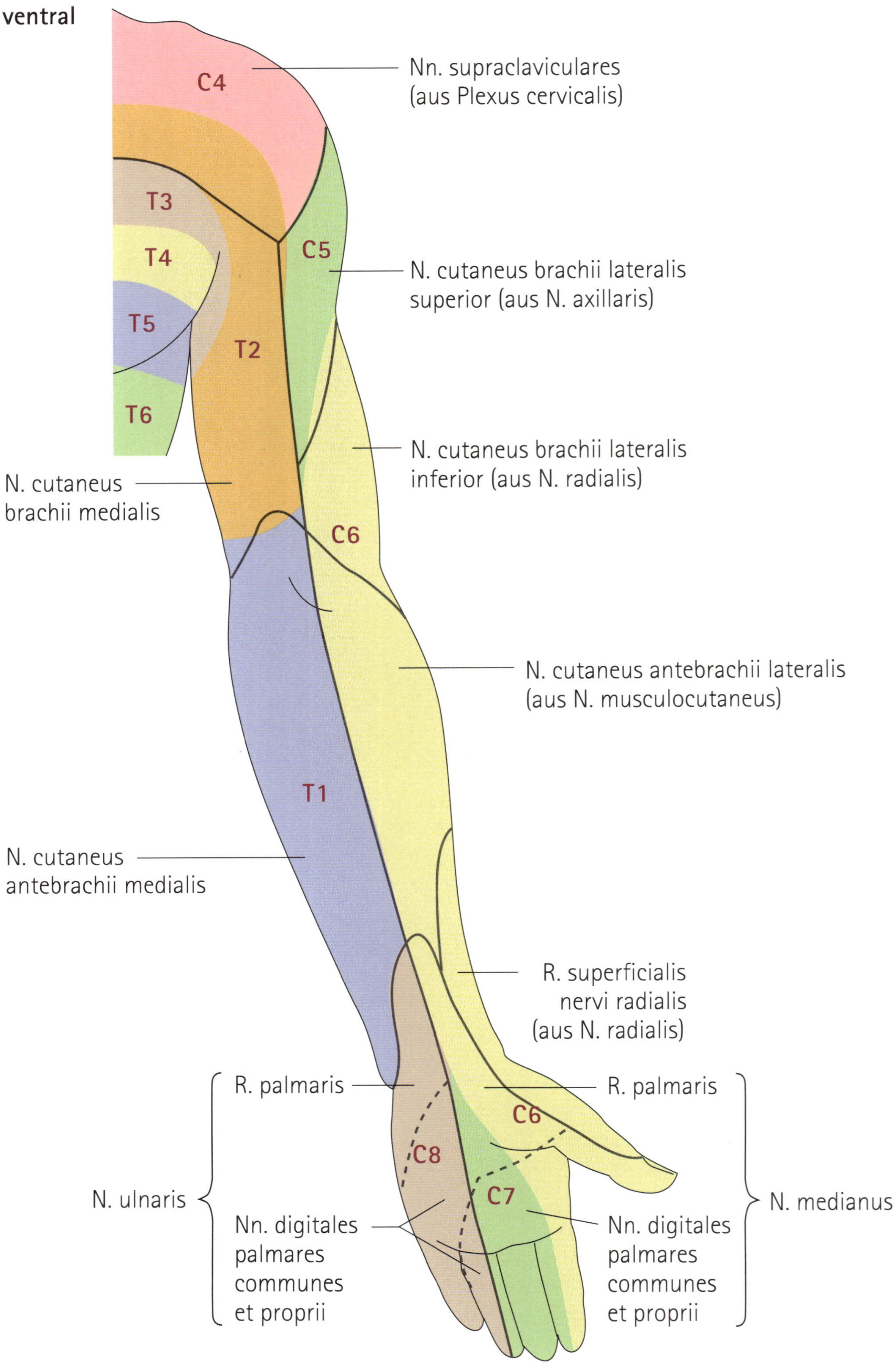

Obere Extremität – Dorsal

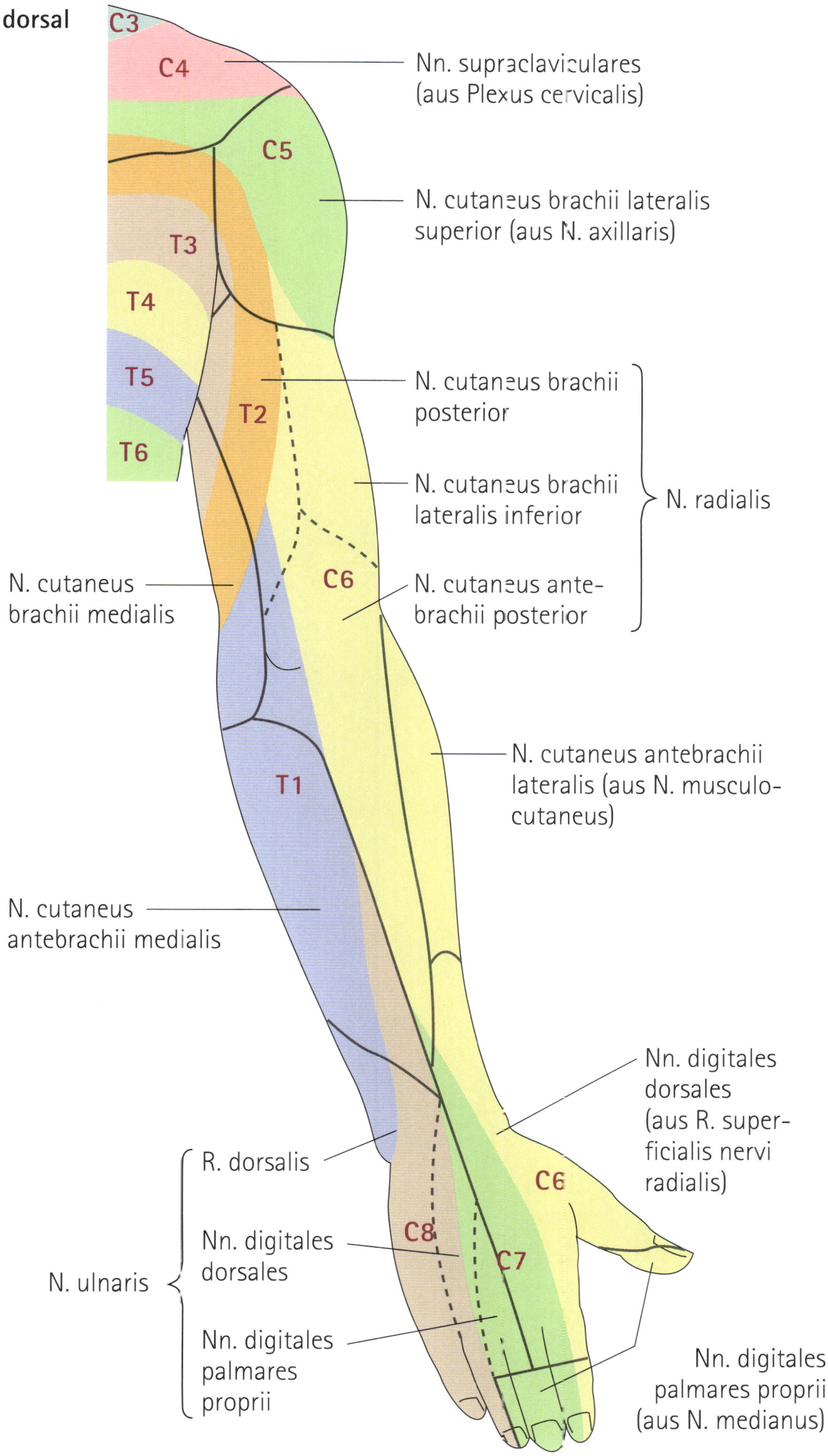

Untere Extremität – Ventral

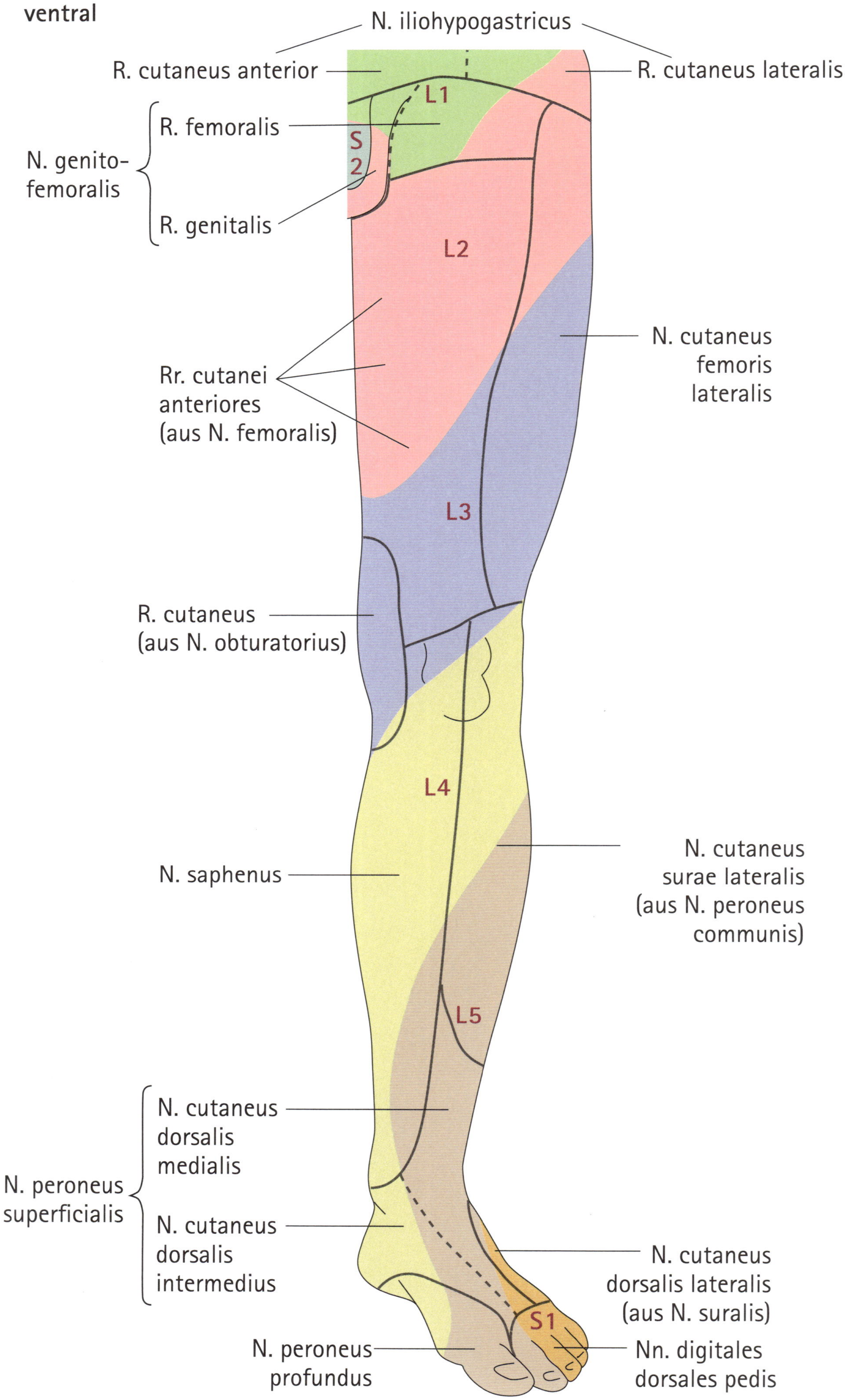

Untere Extremität – Dorsal

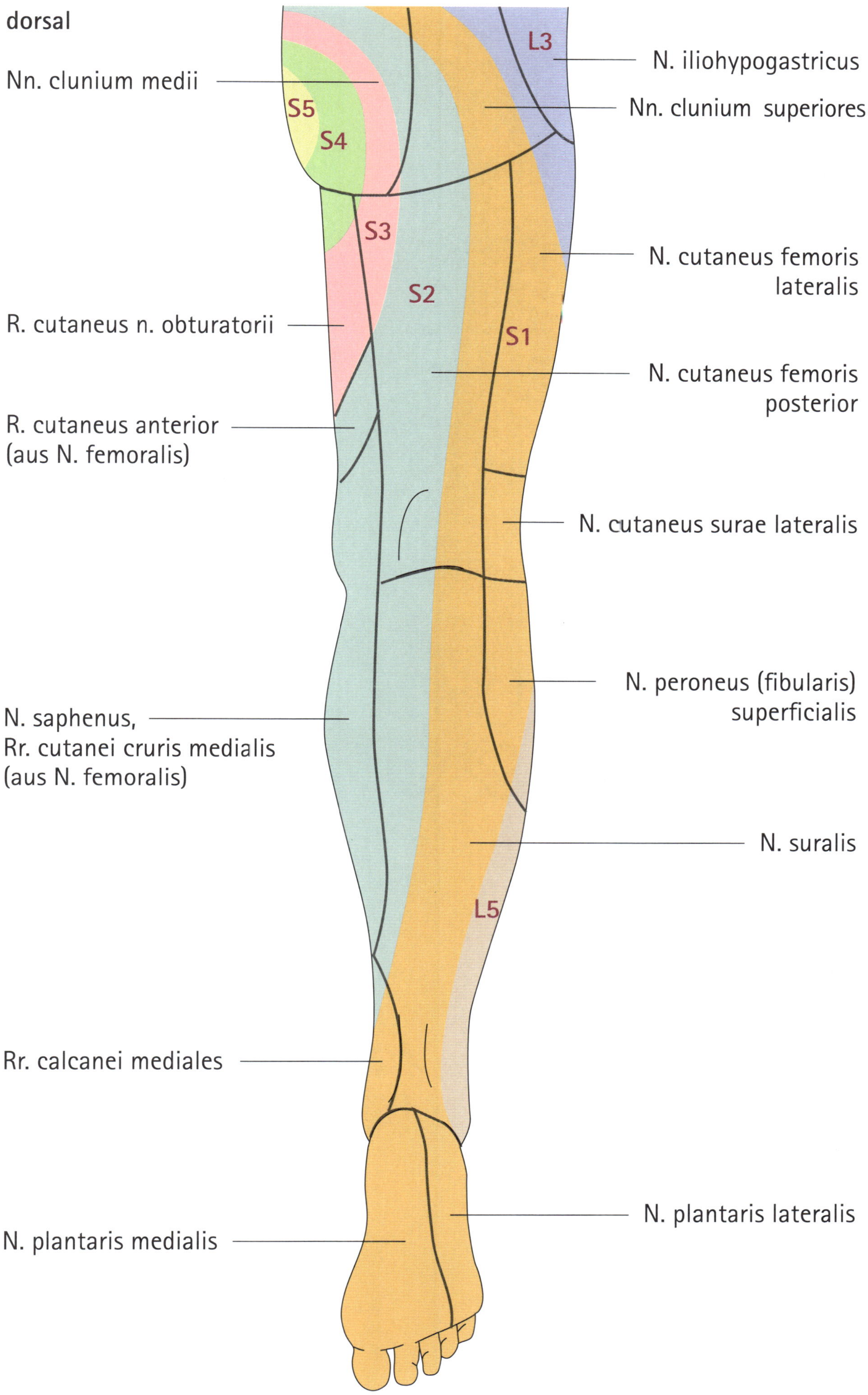

Skelett – Ventral

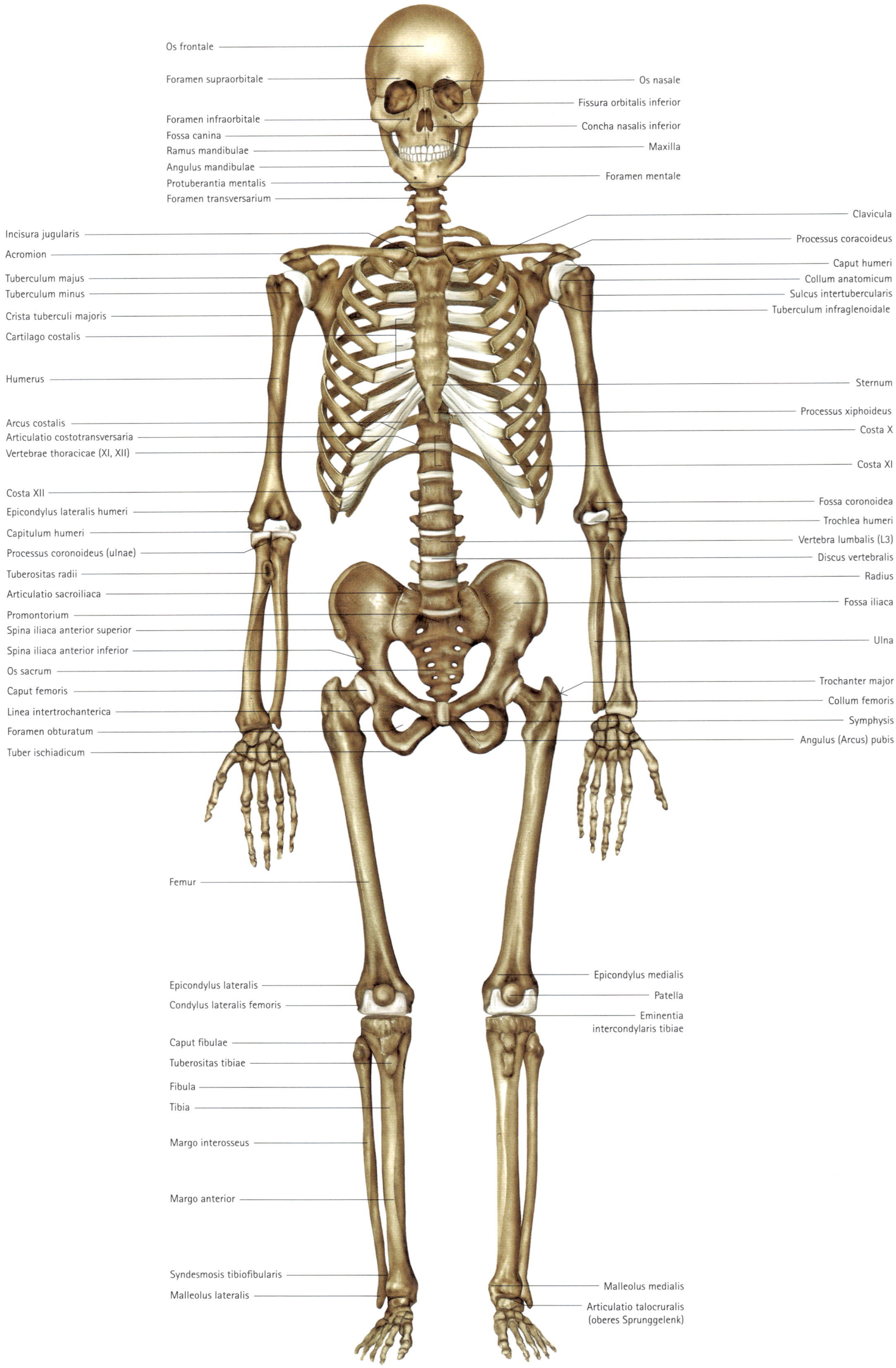

Skelett – Dorsal

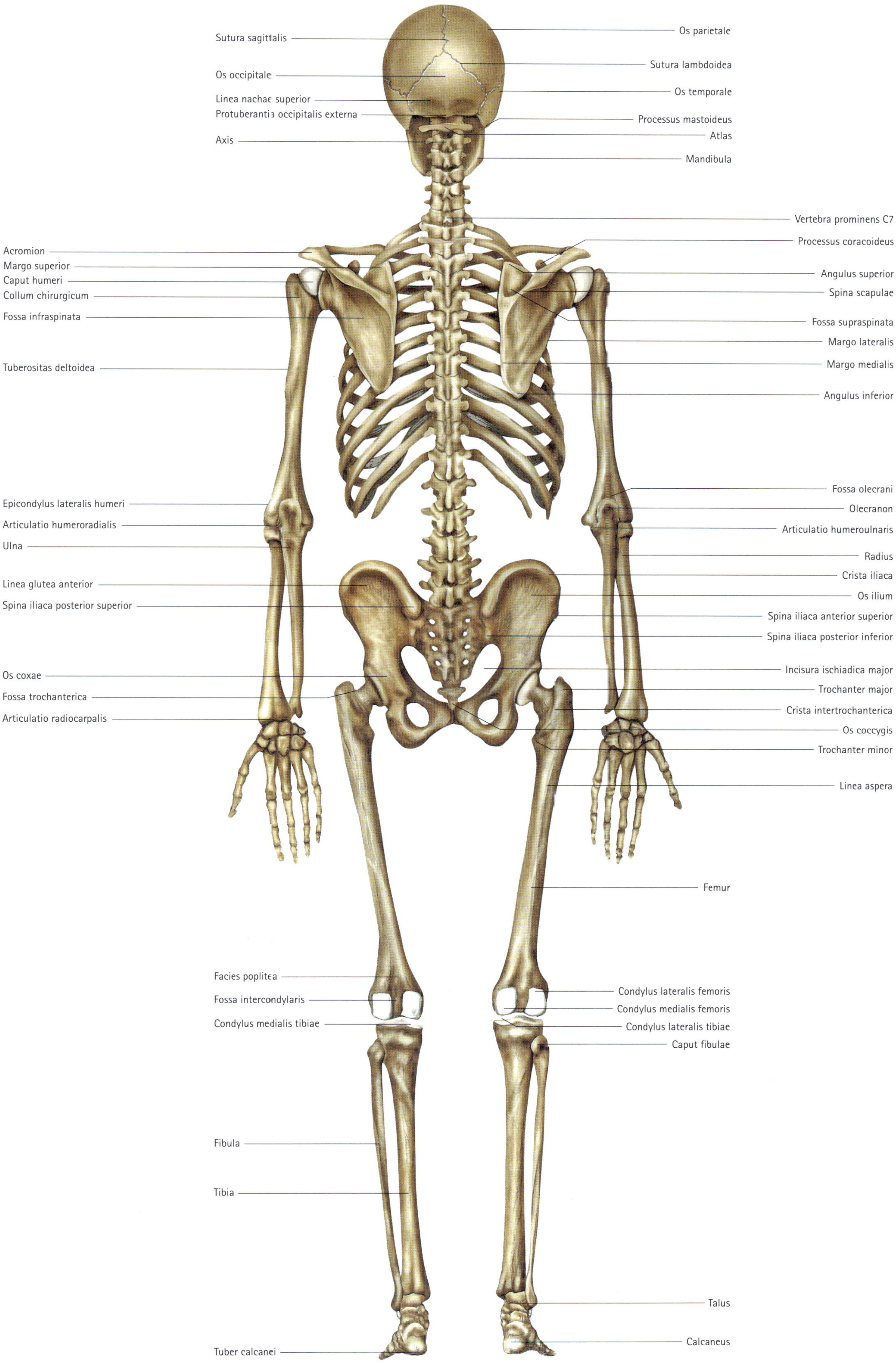

Hand – Volar

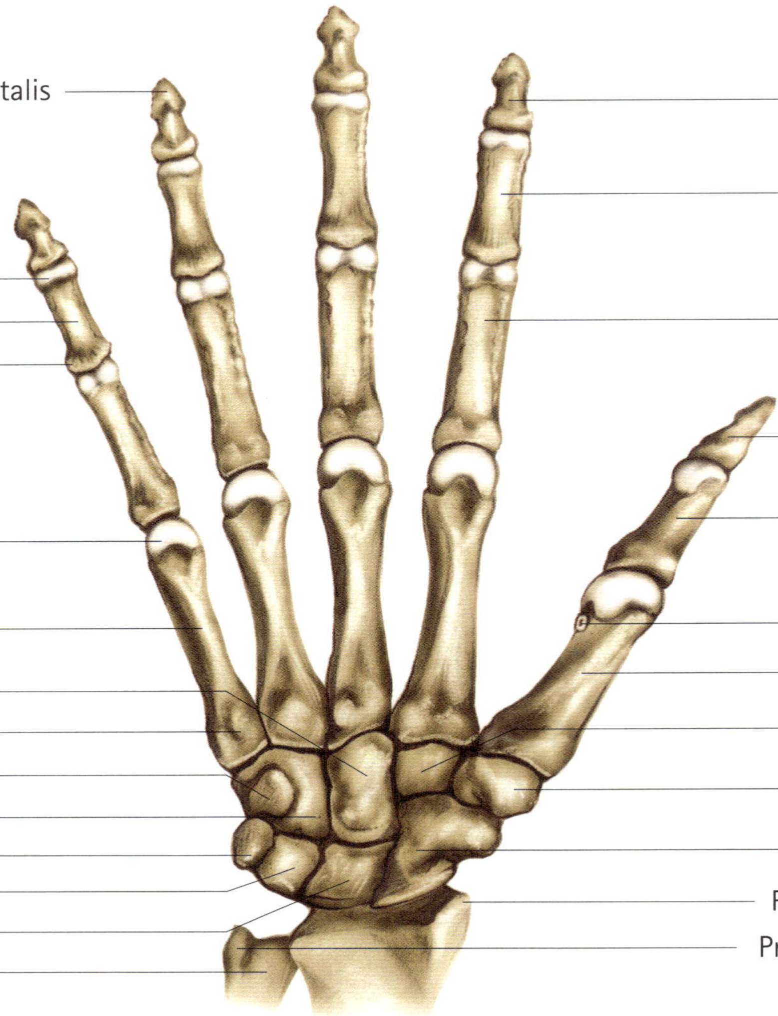

Tuberositas phalangis distalis
Caput phalangis
Corpus phalangis
Basis phalangis
Caput ossis metacarpi
Corpus ossis metacarpi
Os capitatum
Basis ossis metacarpi
Hamulus ossis hamati
Os hamatum
Os pisiforme
Os triquetrum
Os lunatum
Caput ulnae
Phalanx distalis II
Phalanx media II
Phalanx proximalis II
Phalanx distalis I
Phalanx proximalis I
Os sesamoideum
Os metacarpi I
Os trapezoideum
Os trapezium
Os scaphoideum
Processus styloideus radii
Processus styloideus ulnae

Fuß – Kranial

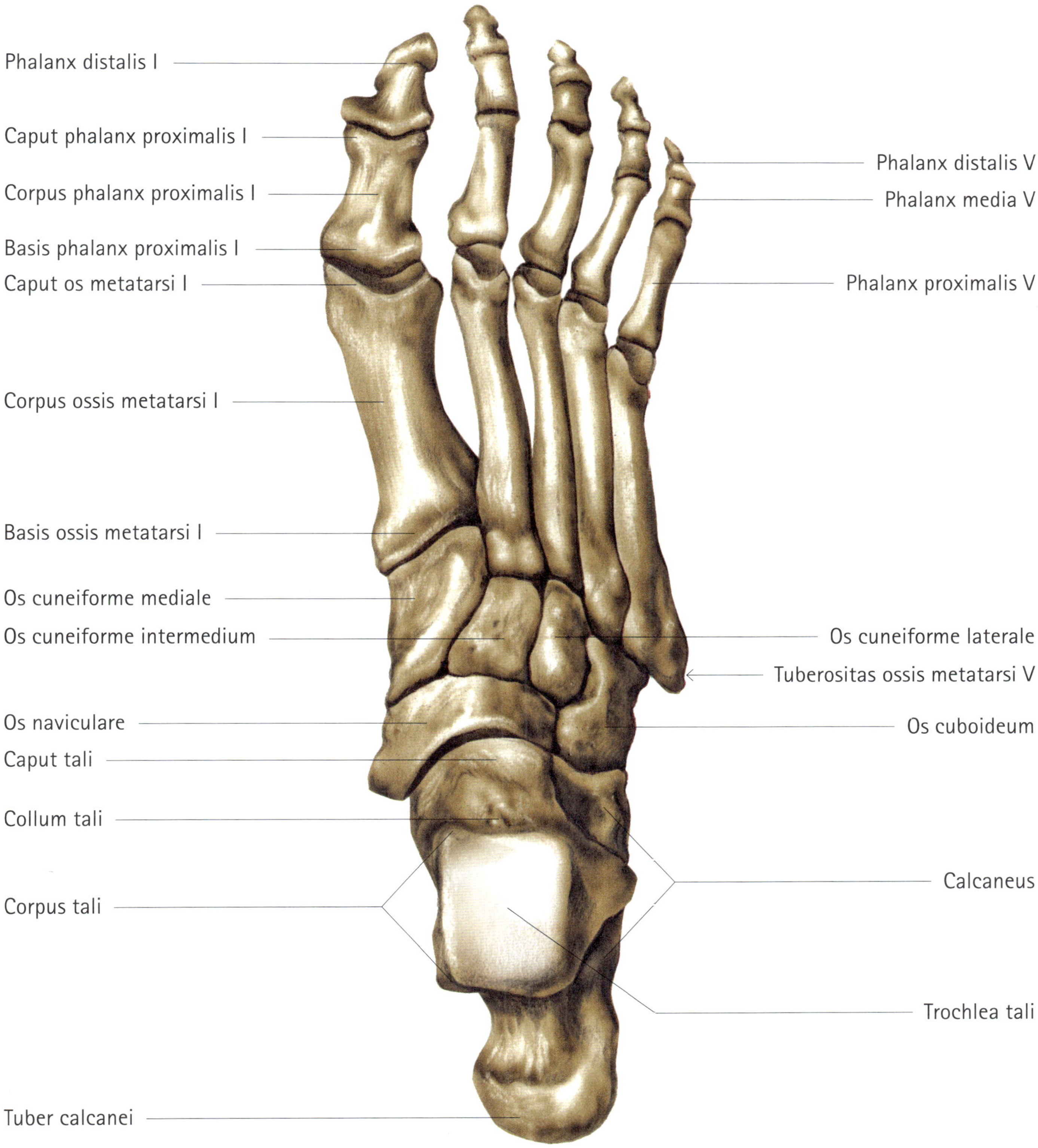

Phalanx distalis I
Caput phalanx proximalis I
Corpus phalanx proximalis I
Basis phalanx proximalis I
Caput os metatarsi I
Corpus ossis metatarsi I
Basis ossis metatarsi I
Os cuneiforme mediale
Os cuneiforme intermedium
Os naviculare
Caput tali
Collum tali
Corpus tali
Tuber calcanei
Phalanx distalis V
Phalanx media V
Phalanx proximalis V
Os cuneiforme laterale
Tuberositas ossis metatarsi V
Os cuboideum
Calcaneus
Trochlea tali

Muskeln – Ventral

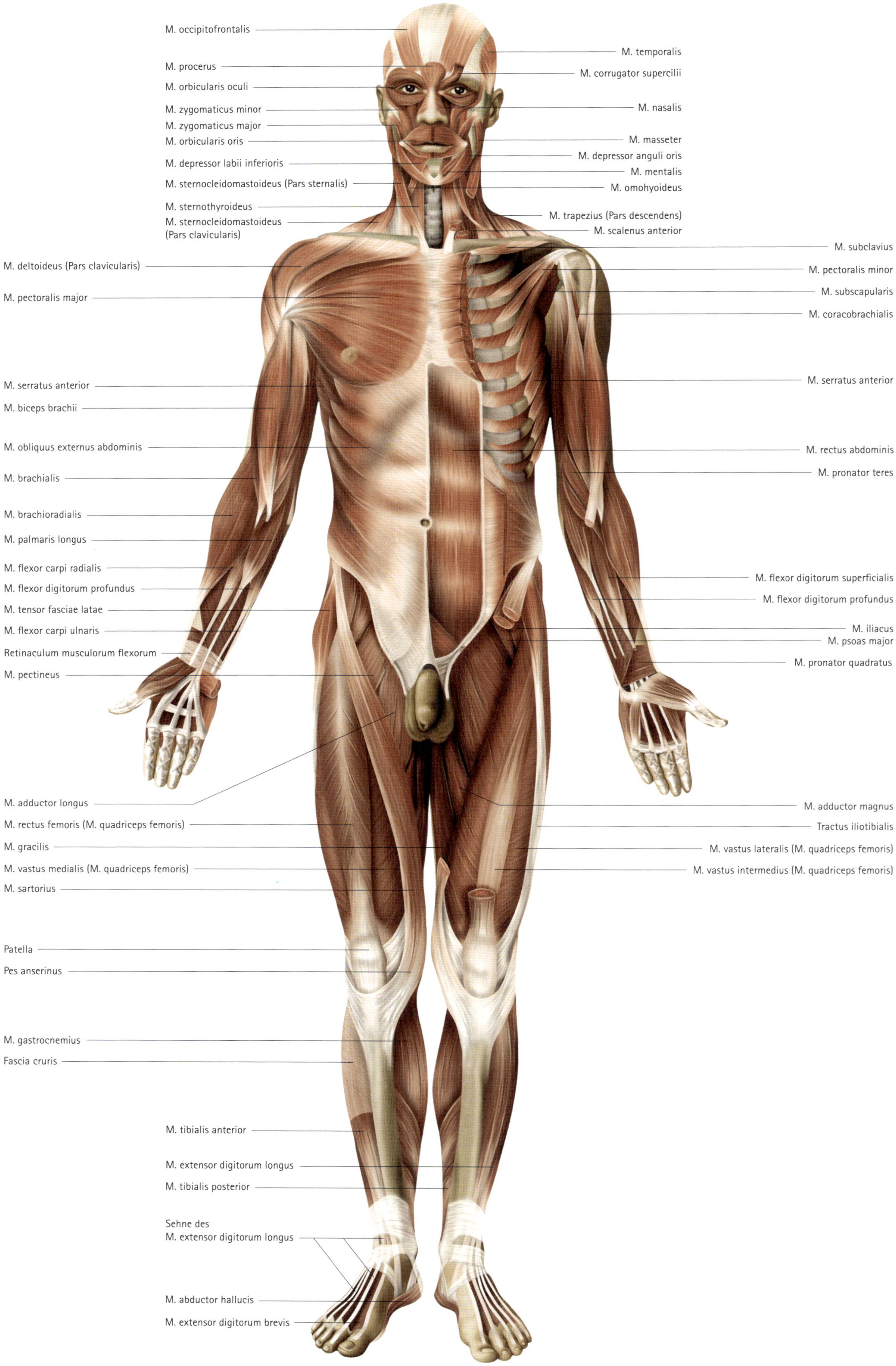

Muskeln – Dorsal

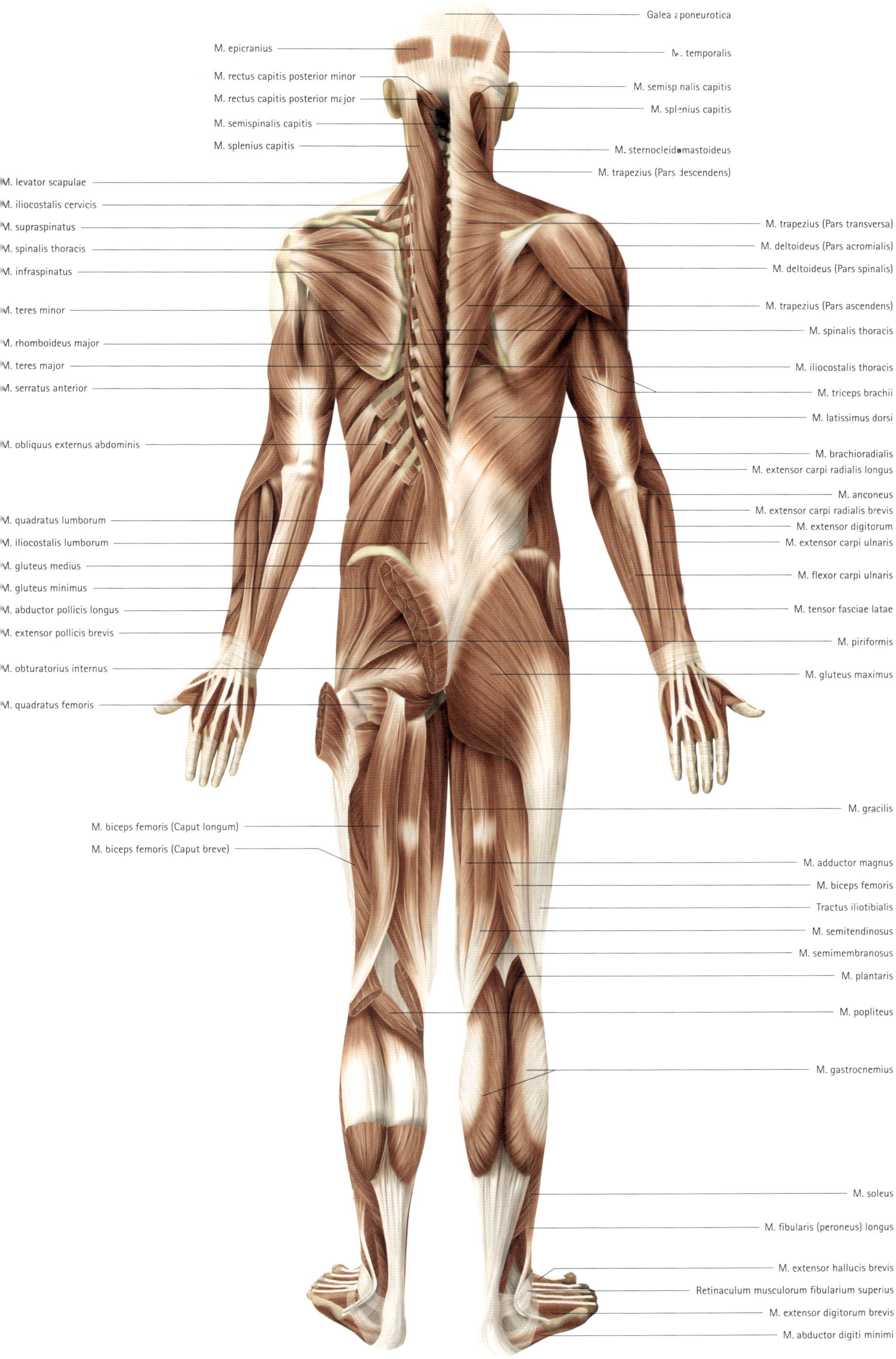

Hand – Volar

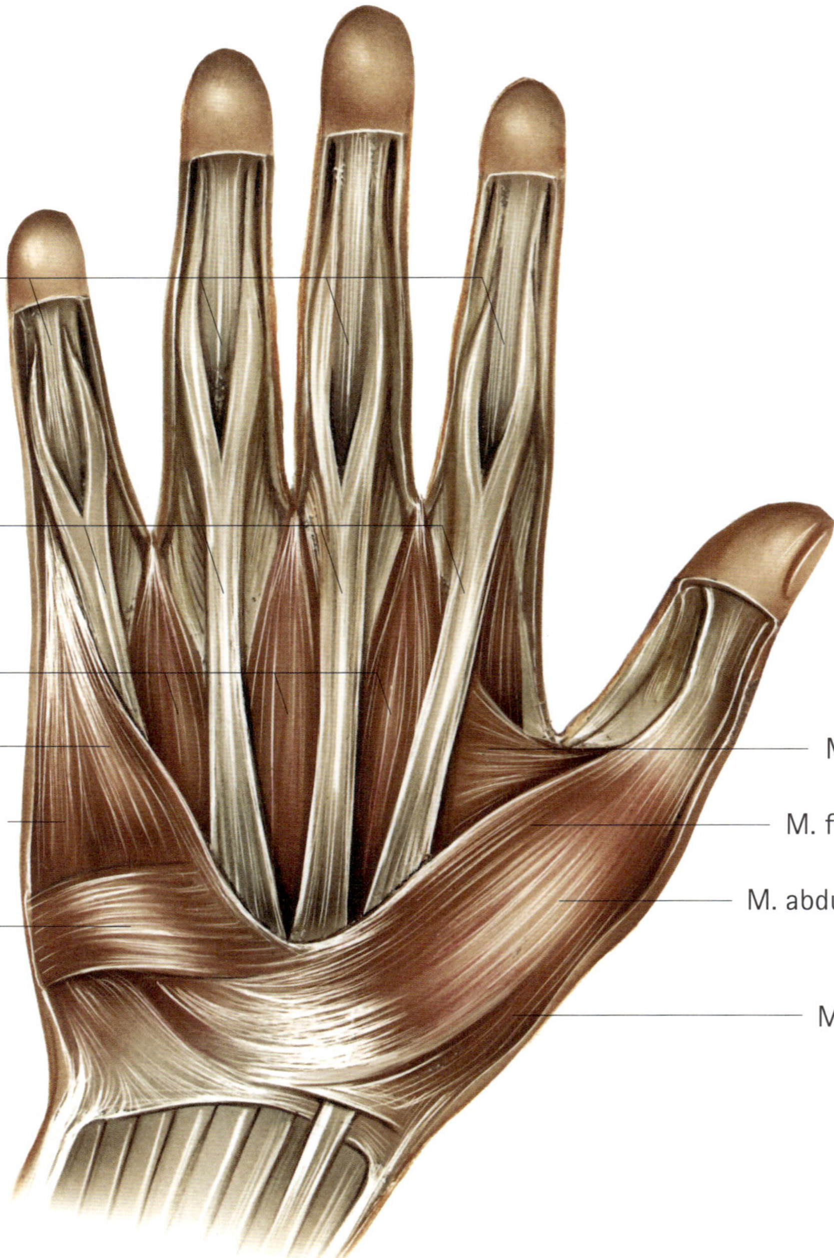

Sehnen des
M. flexor digitorum
profundus
Sehnen des
M. flexor digitorum
superficialis
Mm. lumbricales manus
M. flexor digiti minimi
M. abductor digiti minimi
M. palmaris brevis
M. adductor pollicis
M. flexor pollicis brevis
M. abductor pollicis brevis
M. opponens pollicis

Fuß – Plantar

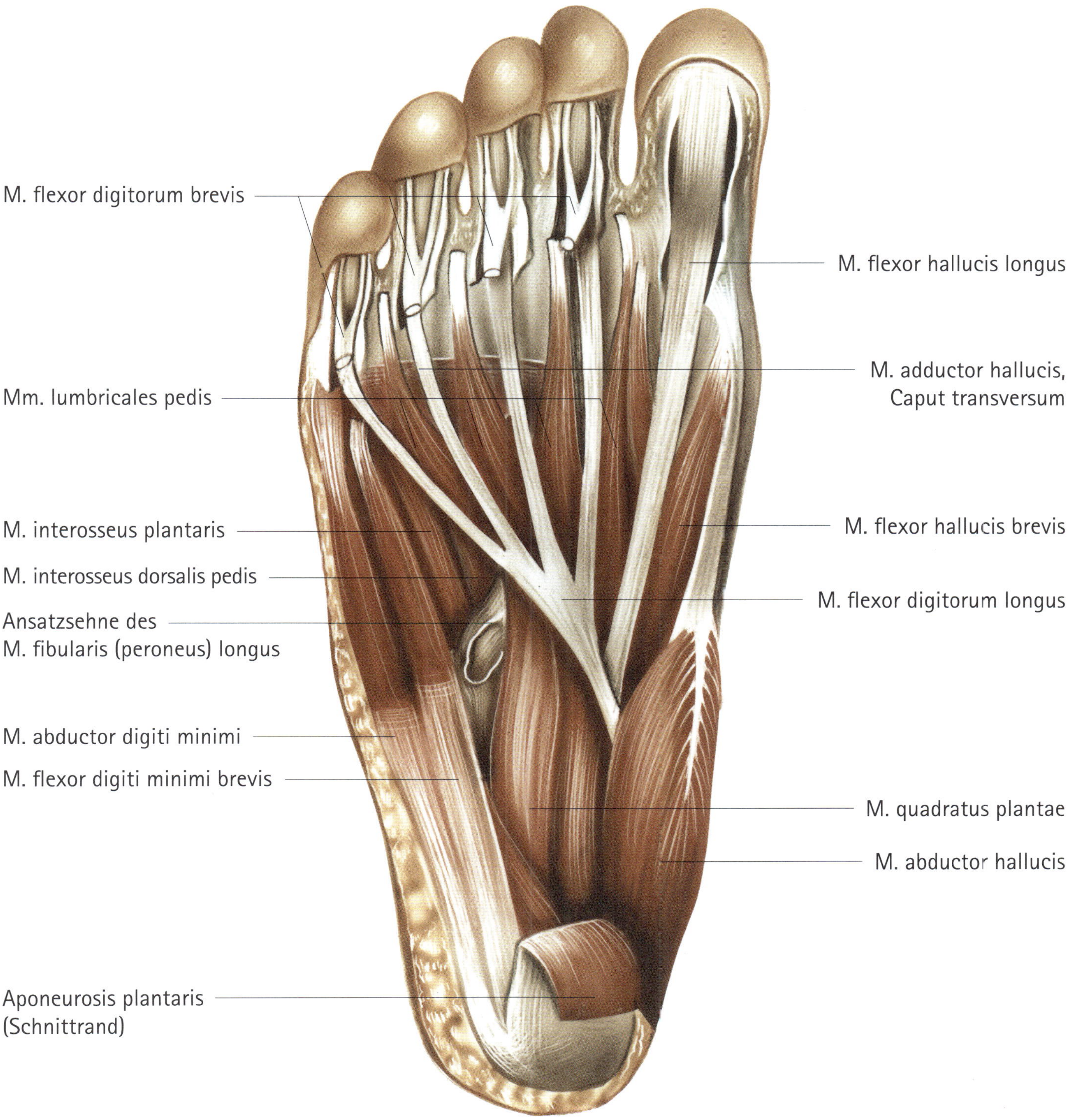
M. flexor digitorum brevis
Mm. lumbricales pedis
M. interosseus plantaris
M. interosseus dorsalis pedis
Ansatzsehne des
M. fibularis (peroneus) longus
M. abductor digiti minimi
M. flexor digiti minimi brevis
Aponeurosis plantaris
(Schnittrand)
M. flexor hallucis longus
M. adductor hallucis,
Caput transversum
M. flexor hallucis brevis
M. flexor digitorum longus
M. quadratus plantae
M. abductor hallucis

Impressum

Die Deutsche Nationalbibliothek verzeichnet diese Publikation in der Deutschen Nationalbibliografie; detaillierte bibliografische Daten sind im Internet über *http://dnb.d-nb.de abrufbar.*

Anschrift des Verlags

KVM – Der Medizinverlag
Dr. Kolster Verlags-GmbH
Ifenpfad 2–4
12107 Berlin

Autorenkontakt

Bernard C. Kolster: berndkolster@me.com

Urheber- und Verlagsrecht

www.kvm-medizinverlag.de

1. Auflage 2016
Layout und Satz: Lydia Kühn, Aix-en-Provence
Covergestaltung: David Kühn, Berlin
Gesamtproduktion: KVM – Der Medizinverlag, Berlin
Druck: Grafisches Institut Kroatien, Zagreb
Printed in Croatia

ISBN: 978-3-86867-321-0